Dr. med. vet. Heidi Kübler

Schüßler-Salze für **Katzen**

➤ Die erfolgreiche Heilmethode
jetzt auch für Ihr Tier

Inhalt

Die zwölf Schüßler-Salze   42

Inhalt

Behandlung mit Schüßler-Salzen   120

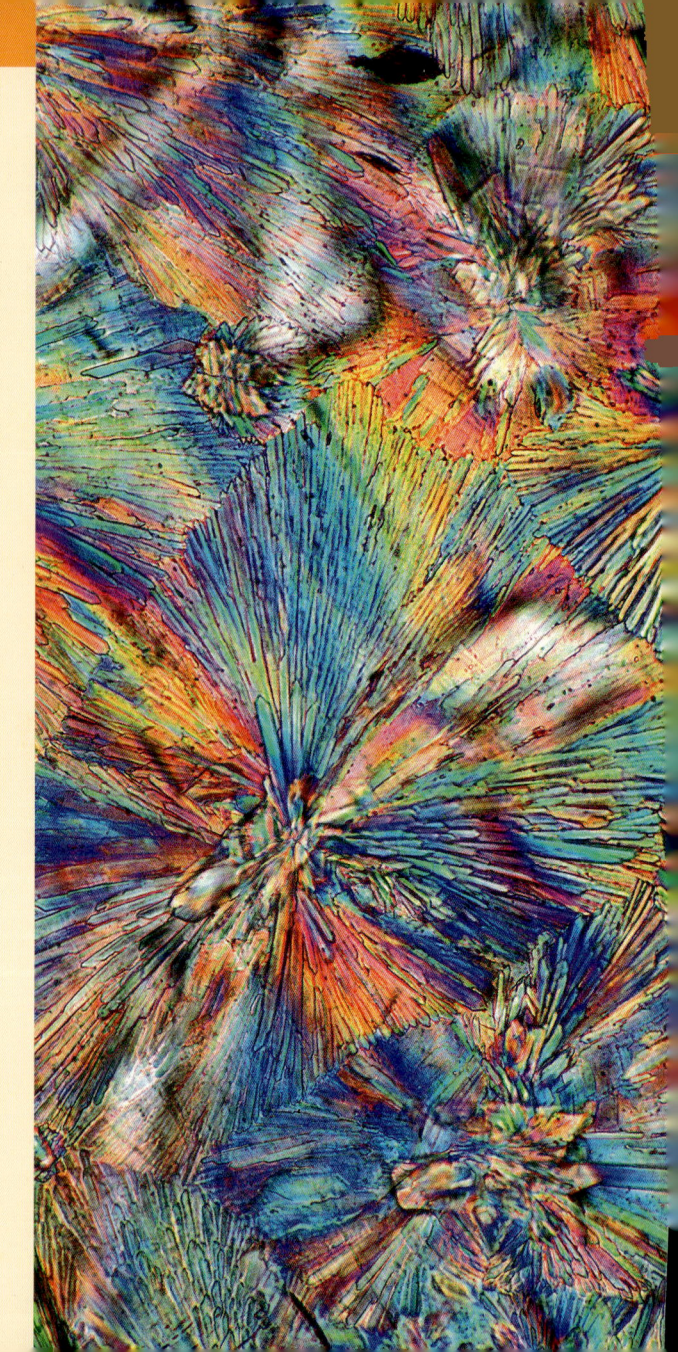

Interessantes zu Schüßler-Salzen

Dieses Kapitel informiert über die Grundlagen dieser Therapieform und die Wirkung von Mineralsalzen auf den Organismus. Sie erfahren, wie Sie das richtige Mittel für Ihre Katze finden und wo die Grenzen dieser Therapieform sind.

Lebenswichtige Mineralstoffe

Mineralstoffe und Spurenelemente sind lebenswichtige Nährstoffe, die mit der Nahrung aufgenommen werden müssen. Der Körper kann sie nicht selbst herstellen. In der Medizin wird unterschieden zwischen Mengen- und Spurenelementen. Mengenelemente wie Natrium, Magnesium, Kalium, Kalzium und Phosphor braucht der Körper in größeren Mengen, Spurenelemente wie zum Beispiel Eisen, Fluor oder Silizium sind nur in ganz geringen Mengen vorhanden.

Biochemie nach Schüßler – was ist das?

Der Begriff »Biochemie« (griechisch »Bios« = das Leben, Chemie = Wissenschaft der Elemente) hat in der Medizin heute unterschiedliche Bedeutung: Er wurde gegen Ende des 19. Jahrhunderts geprägt, um die Grenzgebiete zwischen Chemie, Medizin und Biologie zu einer selbstständigen Wissenschaft zusammenzufassen. Sie erforscht die Funktion und Regulation von chemischen Vorgängen im lebenden Organismus, wie zum Beispiel Atmung und Verdauung.
Den Begriff »Biochemie« wählte auch der Arzt Dr. Wilhelm Heinrich Schüßler (1821–1898) für seine Heilmethode. Sie kam ursprünglich mit zwölf Mineralsalzen aus, die natürlicherweise im menschlichen und tierischen Organismus vorkommen und die täglich mit der Nahrung aufgenommen werden. Von den Nachfolgern Schüßlers wurden dann noch zwölf sogenannte »Ergänzungsmittel« (→ Seite 118) gefunden.

Von der Homöopathie zur Biochemie

Dr. Wilhelm Heinrich Schüßler wurde am 21. August 1821 in Bad Zwischenahn nahe Oldenburg geboren. Er war sehr sprachbegabt, beherrschte Italienisch, Spanisch und Französisch perfekt und besaß Kenntnisse in Griechisch und Latein. Deshalb verdiente er zunächst seinen Lebensunterhalt als Sprachlehrer und als Amtsschreiber der Stadt Oldenburg. Hier kam er bereits mit der Homöopathie von Samuel Hahnemann (1755–1843) in Berührung, die ihn sehr faszinierte.

Als er 30 Jahre alt war, fasste er deshalb den Entschluss, Heilpraktiker zu werden. Sein ältester Bruder hielt es für sinnvoller, wenn er gleich Medizin studieren würde, und erklärte sich bereit, ihm das Studium zu finanzieren, wenn er danach als homöopathischer Arzt tätig sein würde. So begann Schüßler mit 31 Jahren das Medizinstudium in Paris, wechselte später nach Berlin und promovierte schließlich in Gießen. Um seine homöopathische Ausbildung zu vervollständigen, ging er noch nach Prag. 1858 bekam er schließlich die Erlaubnis, sich in Oldenburg als Arzt, Wundarzt und Geburtshelfer niederzulassen. 15 Jahre lang behandelte er seine Patienten homöopathisch, bevor er seine Biochemie entwickelte.

Krankheit durch fehlende Mineralstoffe

Die Homöopathie zu Schüßlers Zeit umfasste bereits mehr als 300 Mittel (heute sind es weit über 3000) und war sehr zeitintensiv. Deshalb suchte Schüßler nach einer einfachen und wirkungsvollen Therapie. Er wollte eine »Volksheilkunde« schaffen. Als er 1870 die Arbeiten des Niederländers Moleschott kennenlernte, hatte er dazu die grundlegende Idee: Beim Fehlen von Mineral-

---

INFO

Sie beeinflussten Dr. Schüßler

Neben den Erkenntnissen von Virchow und von Liebig inspirierte folgender Satz von Jakob Moleschott Dr. Wilhelm Schüßler bei der Entwicklung seiner biochemischen Therapie: »... die Stoffe, die bei der Verbrennung von totem tierischem und menschlichem Gewebe zurückbleiben ... gehören zu der formgebenden und artbedingten Grundlage der Gewebe. Kein Knochen ohne Knochenerde, kein Knorpel ohne Knorpelsalz, kein Blut ohne Eisen, kein Speichel ohne Chlorkalium.«

stoffen entstehen Krankheiten, die durch Gabe eben dieser Mineralstoffe geheilt werden können.

Um herauszufinden, welche Mineralsalze im Körper vorkommen, analysierte er die Asche von Leichen aus dem Krematorium. Dabei stellte er fest, dass in unterschiedlichen Organen jeweils unterschiedliche Mineralsalze dominieren. In Muskelgewebe fand er zum Beispiel überwiegend Kaliumphosphat und Magnesiumphosphat. Insgesamt isolierte er elf verschiedene Mineralsalze aus menschlichen Geweben. Durch weitere Experimente fand er heraus, dass Mineralverbindungen homöopathisch aufbereitet eine enorme Heilwirkung im Organismus entfalten können. Seine Erkenntnisse wurden erstmals 1874 als »Abgekürzte Therapie« in Form einer Broschüre veröffentlicht. Von da an setzte er in seiner Praxis nur noch die von ihm »Funktionsmittel« genannten Mineralstoffpräparate ein.

Verbreitung der Biochemie nach Schüßler

Wegen ihrer Einfachheit und ihrer geringen Kosten verbreitete sich diese Behandlungsmethode sehr rasch auch in europäischen und außereuropäischen Ländern. In Indien ist die Schüßler'sche Biochemie auch heute noch ein wesentlicher Bestandteil der medizinischen Versorgung. 1885 gründeten Schüßlers Anhänger in Oldenburg den ersten von vielen biochemischen Vereinen, die heute im Biochemischen Bund Deutschlands zusammengefasst sind. Dessen Ziel ist es, Laien und Therapeuten umfassend über diese Therapie zu informieren. 1898 erlitt Schüßler im Alter von 77 Jahren einen Schlaganfall. Er konnte gerade noch die letzten Korrekturen an der 25. Auflage seiner »Abgekürzten Therapie« vornehmen, bevor er dann am 30. März 1898 verstarb. Schüßler ging davon aus, dass alle gesundheitlichen Störungen durch einen Mangel an bestimmten Mineralstoffen an bestimmten Orten im Körper ausgelöst werden. Durch Zufuhr fehlender Mineralstoffe tritt Heilung ein. Allerdings darf die Zufuhr der Mineralstoffe nur in geringsten Mengen erfolgen, denn sie müssen durch die Zellmembran hindurch in die Zellen gelangen. Hier setzte Schüßler sein Wissen über die Herstellung homöopathischer Präparate ein. Als er die von ihm gefundenen Mineralsalze schließlich homöopathisch potenzieren ließ, waren die Schüßler-Salze erfunden. Werden diese dann noch in Wasser aufgelöst und in kleinen Schlucken getrunken, erfolgt eine Resorption bereits in der Mundhöhle, ohne dass die Salzsäure des Magens die Wirkung beeinträchtigen kann.

Sensationelle Erfolge

Erste Versuche mit Magnesium phosphoricum bei Patienten mit Muskelkrämpfen ließen deren Beschwerden binnen Minuten abklingen. Über 1000 mit Kalium chloratum behandelte diphtheriekranke Kinder überlebten diese damals tödlich verlaufende Krankheit.

Trotz seiner phänomenalen Erfolge wurde seine Arbeit von vielen damaligen Ärzten angegriffen oder abgelehnt. Schüßler ließ sich dadurch aber nicht beirren und verbesserte seine Methode fortlaufend, die er inzwischen »Biochemie« nannte.

Moderne Entwicklungen

Während Heinrich Schüßler selbst sein Leben lang nur die von ihm entdeckten Salze einnehmen ließ, entwickelten seine Nachfolger noch weitere Anwendungsformen, wie zum Beispiel Salben, Fuß- und Handbäder, Kompressen und Wickel.

INFO

Grundsätze der Biochemie
Ein schwerer Mineralstoffmangel im Körper lässt sich allein durch Schüßler-Salze nicht beheben. Ein zusätzlich verabreichtes Salz kann aber die Resorption eines schulmedizinischen Mineralstoffpräparats aus dem Darm verbessern. So wird zum Beispiel Nr. 7 bei einem Magnesiummangel die Aufnahme und Verteilung des Medikaments unterstützen.

Wie wirken die Mineralsalze auf den Organismus?

Salze sind chemische Verbindungen von Metallen und Nichtmetallen, die sich aus Ionen zusammensetzen. Ihre biologische Wirksamkeit wird auf ihre elektrische Ladung zurückgeführt. Es gibt Ionen mit positiver Ladung wie etwa Kalium, Kalzium, Natrium oder Magnesium. Eine negative Ladung haben Chloride, Phosphate und Sulfate. In Körperflüssigkeiten und Geweben muss ein bestimmtes elektrisches Gleichgewicht herrschen, damit ein Organismus gesund bleiben kann. Um das Gleichgewicht aufrechtzuerhalten, hat der Körper Speicher für Mineralstoffe, die in Überschusszeiten aufgefüllt werden (→ Tabelle Seite 14). Über das Blut als Transportmedium erfolgt die Versorgung von Organen und Geweben mit Mineralstoffen. Deshalb sind die Blutspiegel der Mineralstoffe erst bei massivem Mangel verändert.

Verteilungsstörungen der Mineralstoffe

Kommt es zu Störungen im Gleichgewicht der Mineralstoffe durch Kälte, Hitze, Prellungen, Giftstoffe oder mangelhafte Ernährung, dann greift der Organismus zunächst auf seine Speicher zurück. Anfangs ist das kein Problem, doch irgendwann sind sie erschöpft. Dann beginnt der Organismus damit, körpereigene Gewebestrukturen abzubauen. Dadurch kommt es zu Veränderungen in Blut, Geweben und Organen. Sie zeigen sich zunächst als Schwäche, Müdigkeit oder Schmerz. Dauert der Mangel weiter an, entstehen Funktionsstörungen von Organen, später krankhafte Organveränderungen wie zum Beispiel schlecht heilende Wunden oder Lymphknotenschwellungen.

Mineralstoffe des Lebens

Die wichtigsten Mineralstoffe im Organismus sind:
➤ **Kalzium** wird zum Aufbau des Skeletts gebraucht, härtet Zähne und Knochen und wirkt auf verschiedene

Stoffwechselvorgänge wie die Blutgerinnung.

➤ **Chlor** reguliert das Gleichgewicht der alkalischen Säuren im Blut, unterstützt die Leberfunktion und ist wichtig für die Magensäure.

➤ **Kalium** reguliert zusammen mit Natrium den Wasserhaushalt, normalisiert den Herzrhythmus, aktiviert Enzyme und beeinflusst die Erregbarkeit von Muskeln und Nerven.

➤ **Magnesium** ist für Nerven, Muskulatur, Herz und Kreislauf lebenswichtig, hat

Katzen brauchen vom frühen Welpenalter an Kalziumsalze für einen gesunden und kräftigen Knochenbau.

einen großen Einfluss auf verschiedenste Stoffwechselvorgänge und erhöht die Leistungsfähigkeit.

➤ **Natrium** reguliert neben dem Wasser- auch den Säure-Basen-Haushalt, ist wichtig für die Erregbarkeit von Muskeln und Nerven und aktiviert Enzyme.

➤ **Phosphor** ist als Bestandteil von Lezithin in jeder Körperzelle zu finden und für die Gehirn- und Nerventätigkeit wichtig. Weiterhin reguliert es ebenfalls den Säure-Basen-Haushalt.

➤ **Schwefel** ist ein wichtiger Bestandteil von Eiweißen und steht durch das schwefelhaltige Insulin mit dem Zuckerstoffwechsel in Verbindung. Nötig ist Schwefel auch für die Entgiftung des Körpers.

➤ **Eisen** ist im Blutfarbstoff Hämoglobin für den Sauerstofftransport zuständig.

➤ **Fluor** erhöht die Stabilität von Knochen und Zähnen und ist an vielen Stoffwechselvorgängen beteiligt.

➤ **Jod** ist ein wichtiger Bestandteil von Schilddrüsenhormonen, die Wachstum und Stoffwechsel steuern.

➤ **Silizium** beeinflusst in Verbindung mit Eiweißen die Elastizität und Festigkeit von Gefäßen, ist wichtig für das Haarwachstum und das Immunsystem.

MINERALSALZE IM KATZENKÖRPER

	KALZIUM	CHLORID	EISEN	FLUORID
Augen	✗			
Bänder und Sehnen				✗
Bauchspeicheldrüse	✗			
Bindegewebe				
Blut	✗	✗	✗	✗
Fell				✗
Fettgewebe				
Gehirn	✗			✗
Haut	✗		✗	✗
Herz	✗			
Knochen	✗		✗	✗
Knorpel				
Körperflüssigkeiten	✗	✗	✗	✗
Leber	✗		✗	
Lunge	✗			
Milz	✗		✗	
Muskulatur	✗		✗	✗
Nerven	✗	✗		
Nieren	✗			
Schilddrüse	✗			
Schleimhäute	✗		✗	
Verdauungsapparat	✗	✗		✗
Zähne	✗			✗

KALIUM	MAGNESIUM	PHOSPHAT	SILIZIUM	SULFAT	NATRIUM
			✗		
	✗		✗	✗	
✗	✗		✗	✗	✗
			✗	✗	
✗	✗	✗	✗	✗	✗
	✗		✗	✗	
✗					
✗	✗	✗			✗
✗	✗		✗	✗	✗
✗	✗				✗
✗	✗	✗	✗		✗
			✗	✗	✗
✗	✗	✗	✗		✗
✗	✗	✗		✗	✗
✗	✗		✗		✗
	✗				
✗	✗	✗	✗	✗	✗
✗	✗	✗			
✗			✗		✗
	✗				
✗				✗	
✗	✗				
	✗	✗	✗		

Schüßler-Salze bei Tieren

Viele Menschen, die selbst mit der Biochemie nach Schüßler behandelt wurden, möchten sie bei ihren Heimtieren ebenfalls einsetzen. Auch bei Tiertherapeuten erfreut sich diese Behandlungsmethode wachsender Beliebtheit. Dabei hat die Anwendung von Schüßler-Salzen bei Tieren schon eine sehr lange Tradition.

Geschichtlicher Abriss

Ende des 19. Jahrhunderts suchte der praktische Tierarzt Dr. F. Meinert – unzufrieden mit den damaligen Behandlungsmöglichkeiten für Tiere – nach Alternativen für seine vierbeinigen Patienten. Dabei stieß er auf Schüßlers Büchlein »Eine abgekürzte Therapie, biochemische Behandlung der Krankheiten«. Selbst körperlich angegriffen, setzte Meinert die Schüßler-Salze zunächst bei sich selbst erfolgreich ein, um sie dann bei seinen tierischen Patienten anzuwenden. Er erzielte große Erfolge, und schon bald drängten ihn Anhänger der Biochemie, einen Leitfaden zur Behandlung von Tieren zu schreiben. Schüßler persönlich gestattete Meinert, als Einleitung zwei Kapitel seines Büchleins zu übernehmen. Dieser »Leitfaden zur biochemischen Behandlung unserer kranken Haustiere« wurde sogar ins Dänische und Englische übersetzt. Er enthielt Kapitel zur Behandlung der damals häufigsten Erkrankungen bei Tieren. Leider geriet die Behandlungsform in Vergessenheit.

Renaissance – Wiedergeburt

Von Meinerts Leitfaden existierten noch Kopien, die unter Tierfreunden weitergereicht wurden, die im Lauf der Zeit aber kaum noch lesbar waren. Eine davon gelangte zu Friedrich Bartelmeyer aus Freiburg. Um sie einem größeren Personenkreis zugänglich zu machen, ließ er im Einvernehmen mit den Nachfahren von Dr. Meinert eine Abschrift der Kopie nachdrucken, sodass dieses Werk heute wieder verfügbar ist.

Schüßler-Salze bei Tieren heute

Da sich immer mehr kranke Menschen der Naturheilkunde zuwenden, ist es nicht verwunderlich, dass auch
die Nachfrage von Tierfreunden nach naturheilkundlichen Therapieformen für ihre Tiere steigt. Gerade die
Biochemie nach Schüßler ist in den letzten Jahren sehr
beliebt geworden. Immer mehr Tiertherapeuten bieten
diese Methode an. Sowohl bei akuten Gesundheitsstörungen als auch bei chronischen Erkrankungen können
Schüßler-Salze Tieren helfen. Da die Tabletten leicht süß
schmecken, nehmen viele Tiere sie auch gern an.

Einsatzgebiete für Schüßler-Salze

Besonders bewährt haben sich die biochemischen Präparate bei Problemen mit dem Bewegungsapparat – bei
Jungtieren zur Stabilisierung des wachsenden Skeletts,
bei alten Tieren zu Behandlung von degenerativen
Erkrankungen wie Arthrosen oder Rückenproblemen.
Auch bei gestörter Wundheilung, Neigung zu Eiterungen, Stoffwechselstörungen, Haut- und Fellerkrankun-
gen, Allergien und Organfehlfunktionen wie zum Beispiel Erbrechen oder Durchfall können sie – oft unterstützend zu anderen Therapieformen – helfen, den
Gesundheitszustand zu stabilisieren.

INFO

Rechtlicher Hinweis
Schüßler-Salz-Präparate sind in Deutschland apothekenpflich-
tige Medikamente. Tierärzte dürfen Schüßler-Salze nach Untersuchung und Behandlung eines Tieres ebenfalls abgeben.
Für den Einsatz von Schüßler-Salzen bei Tieren gelten die
Vorschriften des Arzneimittelrechtes. Für lebensmittelliefern-
de Tiere wie Rind, Schwein oder Schaf sind die Vorschriften
besonders streng, um rückstandsarme und qualitativ hoch-
wertige Lebensmittel erzeugen zu können.

Schüßler-Salze bei der Katze

Trotz engem Kontakt zum Menschen haben sich Katzen viel Eigenständigkeit bewahrt. Sie haben eine unnachahmliche Art, ihren Menschen klarzumachen, was sie wollen und was nicht. Was der Mensch seiner Katze Gutes tun möchte, stößt nicht immer auf die erwartete Gegenliebe – das gilt für Futter ebenso wie für Medikamente. Weil aber viele Menschen sich selbst bereits mit Schüßler-Salzen behandeln, fragen sie immer öfter auch für ihre Katze nach. Da der Katzenorganismus aus den gleichen Grundstoffen besteht wie der menschliche (→ Tabelle Seite 14), braucht auch er die lebenswichtigen Mineralsalze. Katzen können ebenfalls an einem Mangel oder an Verteilungsstörungen der Salze im Körper leiden. Während wir bereits bei unspezifischen Symptomen wie Müdigkeit, Abgeschlagenheit, trockenen Schleimhäuten usw. einen Therapeuten aufsuchen, sind solche Symptome an der Katze schwer zu erkennen.

Hinweise für Verteilungsstörungen

Ein stumpfes, schuppiges Fell, brüchige Haare, strenger Körper- oder Mundgeruch, übersteigertes Putzverhalten mit Auslecken der Haare oder Gier nach grünen Pflanzen können erste Hinweise für einen Mangel bzw. für eine falsche Verteilung der Mineralstoffe im Körper sein. Sind die Speicher aufgebraucht, kommt es schließlich zum Abbau von Gewebestrukturen. Zell- und Organfunktionen werden beeinträchtigt, Skelettschäden, Erbrechen, Schwäche, Anämie, Störungen im Kohlenhydrat-, Fett- und Eiweiß-Stoffwechsel sind die Folge. Bei Jungtieren kann es zu Wachstumsstörungen kommen. **Ursachen für Störungen in der Verteilung der Mineralstoffe:** Neben einem einseitigen mineralstoffarmen Speiseplan können bei der Katze eine ungenügende Verwertung der aufgenommenen Nahrung wegen einer gestörten Darmflora oder fehlender Verdauungssäfte, ein erhöhter Mineralstoffbedarf durch Stress oder Erkrankungen dafür verantwortlich sein.

Den Fertigfuttermitteln sind meist ausreichend oder zu viele Mineralstoffe zugesetzt, doch liegen diese in grobstofflicher Form vor und können von der Katze nicht immer optimal aufgenommen und verwertet werden.

Prophylaxe mit Schüßler-Salzen

Schüßler-Salze können bereits ab dem Welpenalter zur Vorbeugung von Gesundheitsstörungen eingesetzt werden. Ein Tierhalter mit guter Beobachtungsgabe kann erkennen, welches der zwölf Funktionsmittel seine Katze bei Störungen wie etwa Erbrechen von Haarballen braucht. Im Zweifelsfall sollte ein Therapeut abklären, ob die Katze an einer ernsthaften Erkrankung leidet.

Therapie mit Schüßler-Salzen

Leichte, akute Erkrankungen wie Erkältungen oder Erbrechen können allein mit Schüßler-Salzen behandelt werden. Tritt innerhalb von zwei bis drei Tagen keine wesentliche Besserung ein oder verschlechtert sich das Allgemeinbefinden der Katze, rate ich, unverzüglich einen Tierarzt aufzusuchen, um abklären zu lassen, was dem Tier fehlt. Bei schweren oder chronischen Erkrankungen kann die Biochemie nach Schüßler oft zusätzlich zu anderen Behandlungsmethoden eingesetzt werden. Dies sollte aber immer in Absprache mit dem jeweiligen Therapeuten erfolgen.

> **TIPP**
>
> **Erbrechen von Haarballen**
> Wenn Katzen im Frühjahr und Herbst vermehrt Haarballen mit dünnem Magenschleim erbrechen, hilft Nr. 8 Natrium chloratum. 1 bis 2 Tabletten werden in heißem Wasser aufgelöst und warm schluckweise eingegeben (→ Seite 124) Zusätzlich gibt man jeden Tag ein paar Körnchen Kochsalz in das Trinkwasser, damit die Katze nicht zu hastig trinkt.

Das richtige Mittel finden

Wer bei sich selbst positive Erfahrungen gesammelt hat mit der Biochemie nach Schüßler, kann sein Wissen auch bei seiner Katze anwenden. Allerdings können Sie Ihre Katze nicht fragen, wie sie sich gerade fühlt. Zudem zeigen Katzen wenig äußerlich sichtbare Symptome. Auffällige Verhaltensänderungen sind schon eher ein Hinweis auf das richtige Mittel. Es ist jedoch für den Tierhalter ohne Fachausbildung schwierig, verändertes Verhalten richtig einzuordnen. Eine Katze kann zum Beispiel beißen, weil sie aggressiv ist oder weil sie Angst oder Schmerzen hat. Vor einer Selbstbehandlung sollte ausgeschlossen werden, dass die Katze ein bisher unerkanntes, ernsthaftes Gesundheitsproblem hat.

Um nun das richtige Mittel auszuwählen, haben Sie verschiedene Möglichkeiten.

➤ **Auswahl nach »bewährten Indikationen«:** Bei leichten akuten Erkrankungen wie etwa Blasenreizungen, Erkältungen, Magen-Darm-Störungen oder bei Prellungen haben sich bestimmte Mineralsalze bewährt. In der Regel werden sie häufiger und für kürzere Zeit gegeben. Innerhalb von zwei bis drei Tagen sollte eine deutliche Besserung der Beschwerden eintreten. Bei länger bestehenden Problemen wie etwa Abszessen mit schlechter Heilungstendenz oder Narben gibt es ebenfalls Salze, die sich bewährt haben. Bis zu einer Besserung kann es hier drei bis vier Wochen dauern. Eine Übersicht finden Sie ab Seite 146.

TIPP

Anzahl der Mittel
Sollten Sie bei der Auswahl der Mittel mehr als drei Mittel finden, so schlagen Sie die Tabelle Seite 14/15 auf. Dort suchen Sie die beiden Salze, die in den meisten Geweben bzw. Organen vorkommen. Diese geben Sie zunächst für etwa vier Wochen. Danach wechseln Sie zu denjenigen, die Sie bei der ersten Auswahl auch gefunden, aber noch nicht gegeben hatten.

➤ **Auswahl nach äußerlich sichtbaren Zeichen:** Bei genauer Beobachtung können Sie an Ihrer Katze Zeichen wie schuppiges Haarkleid, fettiges Fell, verstärkte Ohrenschmalzproduktion, blasse, gerötete oder bläuliche Schleimhäute, tränende Augen oder Schwellungen unter der Haut leicht selbst feststellen. Auch einen veränderten Geruch aus dem Mäulchen oder an bestimmten Körperstellen können Sie wahrnehmen. Kratzen oder Beißen an bestimmten Körperstellen kann ebenfalls

Leckt sich Ihre Katze die Haare aus ohne Parasitenbefall? Die richtigen Salze bringen sie wieder ins Gleichgewicht.

auf eine Gesundheitsstörung hinweisen. Auffällig ist auch, wenn die Katze nicht spielen will, sich nicht putzt oder das gewohnte Futter verweigert.

➤ **Auswahl durch einen erfahrenen Therapeuten:** Optimal ist es, einen Therapeuten zu finden, der sich sowohl in der Schulmedizin als auch in der Biochemie nach Schüßler gut auskennt. Er kann eine »maßgeschneiderte« Therapie mit Schüßler-Salzen und gegebenenfalls mit weiteren Maßnahmen verordnen. Inzwischen gibt es immer mehr Tierärzte, die sich mit regulationsmedizinischen Verfahren wie zum Beispiel Homöopathie oder Biologischer Tiermedizin beschäftigen oder die mit anderen Tiertherapeuten zusammenarbeiten.

➤ **Auswahl mittels bioenergetischer Testverfahren:** Über sogenannte »Resonanztests« können Menschen, die im Umgang mit Biotensor oder kinesiologischen Testverfahren geübt sind, die Schüßler-Salze für ihre Katze selbst austesten.

Die nachfolgenden Übersichten sind zur schnellen Orientierung gedacht. Eine ausführliche Beschreibung der zwölf Funktionsmittel finden Sie ab Seite 46. Zur Dosierung der Schüßler-Salze → Seite 124.

Nr. 1 – Calcium fluoratum

Das »Knochenmittel« Calcium fluoratum braucht der Körper für den Aufbau von Knochen, Sehnen, Bändern, Zähnen und Nägeln. Es ist das einzige Mineral, das Zahnschmelz und Knochen härtet. Es bildet die schützenden Hüllen, während Calcium phosphoricum (Nr. 2) sie füllt. Es reguliert die Spannungsverhältnisse von Geweben bis zum Normalzustand. Deshalb wird es auch als Elastizitätsmittel der Biochemie bezeichnet. Wenn der Körper zu viel Hornstoff (Keratin) in Form von wucherndem Narbengewebe oder Hautverdickungen gebildet hat, braucht er Calcium fluoratum als hornstoffauflösendes Mittel (Keratolytikum). Es glättet Narben und macht Knochen, Sehnen und Bänder wieder stabil. Es kann aber auch verhärtete Gewebe wie zum Beispiel Narbengewebe wieder weich und elastisch machen. **Bei Mangel** treten ein allgemeiner Elastizitätsverlust, spröde Zehennägel oder rissige Ballen mit Hornzubildungen auf. In fortgeschrittenen Stadien kommt es zu Gewebsverhärtungen (Sklerosen) in der Haut, aber auch an inneren Organen und zu Knochenauflagerungen

NR. 1 – CALCIUM FLUORATUM	
Gewebebezug	Knochen, Zahnschmelz, Oberhaut, Sehnen, Bänder, Gefäße
Leitsymptome	Sorgt für Festigkeit und Härte; macht verhärtetes Gewebe weich, festigt erschlafftes Gewebe
Schlimmer	Nach dem Aufstehen, bei kaltem, feuchtem Wetter, Zugluft, Wetterwechsel
Besser	Durch Wärme (Zudecken), längere Bewegungsphasen, nach dem Fressen
Typisch	Bindegewebsschwäche

(Überbeinen). Da Calcium fluoratum ein schwer lösliches Mineralsalz ist, wird es meist in der D12 eingesetzt. Als eher langsam wirkendes Mittel wird es gern als Kur über einen längeren Zeitraum gegeben.

Einsatzgebiete von Calcium fluoratum: Calcium fluoratum wird bei der Katze schwerpunktmäßig eingesetzt bei chronischen Verhärtungen von Lymphdrüsen oder Unterhaut, bei verzögerter Wund- oder Frakturheilung, bei Bindegewebs- und Bänderschwäche, degenerativen Veränderungen an Knochen, Knorpeln und Gelenken. Nach orthopädischen Operationen – bei der Katze meist nach Unfällen notwendig – hilft Calcium fluoratum, Knochen und Bindegewebe zu stabilisieren. Für überaktive, hektische Jungtiere, die oft Dinge umstoßen oder beim Hochspringen abrutschen, ist Calcium fluoratum eine bewährte Arznei. Alten Tieren hilft es bei degenerativen Veränderungen am Bewegungsapparat.

Nr. 2 – Calcium phosphoricum

Der Körper braucht das »Stärkungsmittel« Calcium phosphoricum zur Mineralisation von Knochen und Zähnen. In allen Muskel-, Gefäß-, Nerven-, Gehirn- und Leberzellen ist es enthalten. Es ist ein wichtiges Bindemittel für den Aufbau von Eiweißen und damit auch für die Neubildung von Zellen. Es hilft den Zellen, Nahrung zu binden und in körpereigene Substanzen umzuwandeln. Es unterstützt die Funktion der Lymphknoten und fördert den Lymphfluss. Auch an Blutgerinnung und Blutbildung ist es beteiligt. Auf Muskulatur und Nerven wirkt es entkrampfend und beruhigend.

Bei Mangel kommt es zu ungenügendem Aufbau von körpereigenem Eiweiß, zu verlangsamtem Wachstum, Schwäche, Abmagerung und Blutarmut. Diese Katzen sind meist zierlich, leicht und schlank. Selbst wenn sie genug Kalzium mit der Nahrung bekommen, kann es ohne Calcium phosphoricum nicht ausreichend aufgenommen werden. Außer bei Krämpfen der Skelettmuskulatur wirkt Calcium phosphoricum langsam. Das Salz sollte über längere Zeit in der D6 eingesetzt werden.

NR. 2 – CALCIUM PHOSPHORICUM

Gewebebezug	Knochen, Zähne, ist in allen Körperzellen vorhanden, besonders konzentriert in den Zellkernen
Leitsymptome	Langsamer Heilungsprozess bei Knochenproblemen; Schmerzen verschlimmern sich nachts
Schlimmer	Bei Wetterwechsel, v. a. zu nasskalt, durch kaltes Wasser und Nasswerden
Besser	Durch Wärme, trockenes Wetter, Nahrungsaufnahme
Typisch	Schwäche, Erschöpfung, Muskelkrämpfe, verlangsamtes Wachstum

Einsatzgebiete von Calcium phosphoricum: Es ist das Mittel bei Jungtieren für Wachstums-, Zahnungsbeschwerden und Rachitis. Der Zahnwechsel ist meist verzögert, ebenso das Knochenwachstum. Nach Frakturen sorgt Calcium phosphoricum für ein schnelleres Zusammenwachsen der Bruchenden und beschleunigt die Wundheilung. Nach schweren Erkrankungen fördert es den Blut-, Eiweiß- und Zellaufbau. Bei sehr ängstlichen Katzen kann es zur Beruhigung eingesetzt werden.

Nr. 3 – Ferrum phosphoricum

Für die Energieversorgung des Organismus ist Eisen ein wichtiger Faktor. Es findet sich in den roten Blutzellen als Bestandteil des roten Blutfarbstoffs (Hämoglobin), in Muskelzellen als Bestandteil des Myoglobins, in Gehirn, Leber (Eisenspeicher), innersekretorischen Drüsen und im Darm als Bestandteil von Enzymen. Es reichert das Blut mit Sauerstoff an. Ferrum phosphoricum hilft dem Körper, das Eisen aus der Nahrung besser aufzunehmen, und reguliert die Verteilung von Eisen und Phosphaten im Körper. Es ist das Akutmittel in der Biochemie nach Schüßler und wird auch als »Entzündungs-mittel« angesehen. Ferrum phosphoricum wirkt ferner schmerzstillend bei akuten Schmerzen.

Bei Mangel ist die Infektanfälligkeit erhöht und die kör-perliche Leistungsfähigkeit vermindert. Das Salz wirkt im ersten Entzündungsstadium sehr schnell. Geben Sie es bei den ersten Anzeichen von Unwohlsein oder Fieber in Abständen von 10 bis 15 Minuten in der D12, bis es der Katze besser geht (→ Dosierung Seite 124). Bei Blut-armut oder Eisenmangel verabreichen Sie es länger.

Einsatzgebiete von Ferrum phosphoricum: Als »das Akutmittel« für das erste Entzündungsstadium ist Fer-rum phosphoricum besonders wichtig bei allen Infek-tionskrankheiten wie zum Beispiel Erkältungen, Blasen-entzündungen oder Darminfekten, wenn die Katzen noch keine typischen Symptome zeigen. Sie ziehen sich zurück, wollen nichts fressen und haben vielleicht schon leicht erhöhte Temperatur. Bei frischen Wunden, hell-roten Blutungen aus Körperöffnungen und Blutarmut wird es ebenfalls eingesetzt. Es erhöht die Sauerstoff-zufuhr in den Geweben, sodass verstärkt energieliefern-de Verbrennungsprozesse ablaufen können.

NR. 3 – FERRUM PHOSPHORICUM

Gewebebezug	Blutfarbstoff (Hämoglobin), Musku-latur (Myoglobin), Enzyme
Leitsymptome	Erstes Entzündungsstadium, Schüt-telfrost, leicht erhöhte Temperatur, akute Schmerzen, frische Wunden
Schlimmer	Frühmorgens, durch Wärme, Berüh-rung und Druck
Besser	Nachts in Ruhe, Schmerzen bessern sich durch Kälte und langsame Bewegung
Typisch	Anfälligkeit für Infektionskrankheiten, Schwäche, hellrote Blutungen

Nr. 4 – Kalium chloratum

Kaliumchlorid hat faserstoffauflösende (fibrinolytische) Eigenschaften und löst weißliche Auflagerungen – vor allem an Schleimhäuten. Deshalb wird es auch als das »Schleimhautmittel« bezeichnet. Es ist das Salz für das zweite Stadium von Entzündungen, wenn sich bereits deutliche Krankheitssymptome und weißliche Ausscheidungen zeigen. Weiterhin reguliert es die Ausscheidung von Wasser, unterstützt die Funktion von Nerven und Muskeln, ist beteiligt am Eiweiß- und Kohlenhydratstoffwechsel und an der Steuerung des Herzrhythmus. Zudem wirkt Kalium chloratum entgiftend: Es hilft, Gifte zu unschädlichen Stoffen umzubauen. Es verbessert die Fließeigenschaften des Blutes und unterstützt die Drüsen bei ihrer Arbeit.

Bei Mangel an Kaliumchlorid werden überall im Körper die Schleimhäute angegriffen. Es kommt zu faserhaltigen (fibrinösen) Ausschwitzungen und Auflagerungen in der Nasenhöhle, in der Lunge, in der Bauchhöhle und in sämtlichen Hohlorganen. Da sich ein Mangel meist sehr langsam entwickelt und erst spät Symptome verur-

NR. 4 – KALIUM CHLORATUM	
Gewebebezug	Alle Schleimhäute: im Hals-, Nasen-, Rachenbereich, im Magen-Darm-Bereich, in der Blase, in den Bronchien
Leitsymptome	Zweite Phase von Entzündungen, weißliche faserstoffhaltige (fibrinöse) Ausscheidungen
Schlimmer	Durch längere Bewegung, fette oder stark gewürzte Nahrung, bei Zugluft
Besser	Durch Wärme, Massage schmerzhafter Körperteile
Typisch	Weißlich gräulicher Auswurf, weißliche Auflagerungen

sacht, muss Kalium chloratum längere Zeit regelmäßig verabreicht werden. Bei akuten Zuständen im zweiten Entzündungsstadium wird es häufiger – alle ein bis zwei Stunden – in der D6 gegeben (→ Dosierung Seite 124).

Einsatzgebiete von Kalium chloratum: Zeigen entzündliche Erkrankungen nach zwei bis vier Tagen deutliche Symptome mit weißlichen Ausscheidungen, dann ist Kalium chloratum das Mittel der Wahl. Es hilft bei Durchfällen mit Abgang von vielen glasigen Darmschleimhautfetzen, bei Schnupfen mit weißem Rotz, bei hartnäckigem Husten mit weißlichem Auswurf oder beim Abgang von Schleimhautfetzen mit dem Urin. Kurzum, alle katarrhalischen Erscheinungen benötigen Kalium chloratum. Besonders bewährt hat es sich auch bei Schleimbeutel- und Sehnenscheidenentzündungen.

Nr. 5 – Kalium phosphoricum

Kalium phosphoricum ist in den Zellen von Nerven, Muskeln, Blut und Gehirn enthalten und wirkt stabilisierend auf Nerven, Psyche und Körper bei allen Arten von Schwächezuständen. Es ermöglicht die Tätigkeit von Nerven und Muskeln, deshalb wird es auch als »Muskel-Nerven-Mittel« bezeichnet. Auch in der Blut- und Gewebsflüssigkeit ist es enthalten. Wenn die Verteilung von Kalium- und Phosphationen im Körper gestört ist, kommt es zu Muskel- und Nervenschwäche mit Depressionen und Muskelschmerzen bis hin zu Lähmungen. Bei schweren Erkrankungen kann Kalium den Zerfall von Zellen verhindern. Im Darm wirkt es gärungs- und fäulniswidrig, hat damit also auch stark antiseptische Eigenschaften.

Bei Mangel kommt es zu ausgeprägter Schwäche und Erschöpfung mit Zellzerfall, bei fortschreitender Erkrankung zu weiterer Zersetzung durch frei werdende Giftstoffe und zu übel riechenden Körperausscheidungen und -ausdünstungen. Kalium phosphoricum kann in schweren Fällen zwar sehr schnell wirken, muss aber meist lange Zeit in der D6 eingenommen werden, um Rückfälle zu vermeiden.

NR. 5 – KALIUM PHOSPHORICUM

Gewebebezug	Nervensystem, Gehirn, Muskulatur
Leitsymptome	Ausgeprägte Schwäche, hohes Fieber, Erschöpfung, Lähmungen, Ängstlichkeit, Nervosität
Schlimmer	Bei Aufregung, Anstrengung, durch Unterkühlung, laute Geräusche
Besser	Durch Ruhe, Wärme, Sonne, leichte Bewegung
Typisch	Unausgeglichene Psyche, fauliger Mundgeruch, übler Geruch von Ausscheidungen, Schwächezustände, Muskelschmerzen

Einsatzgebiete von Kalium phosphoricum: Als Energiespender kann Kalium phosphoricum bei und nach allen zehrenden Erkrankungen eingesetzt werden, besonders auch bei Herzmuskelschwäche. Finden bei bakteriellen Infektionen mit gefährlichen Eitererregern Fäulnisprozesse im Körper statt, wirkt es als Antiseptikum. Seine beruhigende Wirkung auf das Nervensystem hilft nervösen Katzen, ausgeglichener zu werden.

Nr. 6 – Kalium sulfuricum

In der Oberhaut, in Nägeln, Knochen und Muskulatur kommt Kalium sulfuricum vermehrt vor. Sein Schwefelanteil (Sulfat) hilft dem Körper, den in Haut, Fell, Nägeln und Knorpelgewebe benötigten Eiweißbaustein Cystein zu bilden. Es wird auch »Hautmittel« genannt. Durch Steigerung der Leistungsfähigkeit der Leber ist Kalium sulfuricum maßgeblich an Ausscheidungs- und Entgiftungsprozessen beteiligt. Im dritten Entzündungsstadium, wenn der Körper abgestorbene Zellen und abgetötete Bakterien in Form von gelblichem Eiter beseitigen muss, hilft Kalium sulfuricum, zusammen mit Ferrum phosphoricum, mehr Sauerstoff ins Gewebe zu bringen. Krankheitserscheinungen haben in diesem Stadium bereits eine Tendenz, chronisch zu werden.

Bei Mangel kann die Entgiftung über die Leber nicht mehr optimal funktionieren, entzündliche Prozesse heilen nicht mehr aus. Um eine tief greifende Stoffwechselumstimmung zu erreichen, wird Kalium sulfuricum über längere Zeit regelmäßig in der D6 verabreicht.

Einsatzgebiete von Kalium sulfuricum: Kommt es bei Entzündungsprozessen zu gelblichen Absonderungen und Eiterungen, wird Kalium sulfuricum eingesetzt. Ob es sich um schlecht heilende Abszesse, chronischen Schnupfen, Stirnhöhlenvereiterungen, Bindehautentzündungen mit verklebten Lidrändern, länger bestehende Ohrenentzündungen mit gelblich-stinkenden Absonderungen oder Husten mit reichlich gelbem Auswurf handelt, spielt keine Rolle. Typisch ist, dass Katzen nach draußen drängen oder unbedingt am geöffneten Fenster sitzen wollen, um frische Luft zu bekommen. Die Leber als Hauptentgiftungsorgan der Katze sollte vor allem bei älteren Tieren regelmäßig – am besten ein- bis zweimal pro Jahr – mit Kalium sulfuricum unterstützt werden.

NR. 6 – KALIUM SULFURICUM

Gewebebezug	Oberhaut, Schleimhäute, Leber
Leitsymptome	Fortgeschrittene Haut- und Schleimhautentzündungen, drittes Entzündungsstadium mit gelblich-stinkenden Absonderungen
Schlimmer	In der Wärme, in geschlossenen Räumen, gegen Abend
Besser	An der kühlen, frischen Luft, im Freien, durch Bewegung
Typisch	Gelblich-schleimige Absonderungen aus Körperöffnungen und Wunden sowie auf der Haut

Nr. 7 – Magnesium phosphoricum

Magnesium ist eines der wichtigsten Mineralsalze im Organismus, denn es ist an fast allen Organfunktionen beteiligt. Es ist ein wichtiger Knochenbestandteil. Für die willentlich und mehr noch für die nicht willentlich beeinflussbare Muskulatur und das Nervensystem ist es unverzichtbar. Es reguliert das Zusammenspiel von sympathischen und parasympathischen Nervenfasern, vermindert die Erregbarkeit von Nervenzentren und regelt zusammen mit Kalzium die Durchlässigkeit der Zellmembranen. Es dämpft zur Muskulatur gehende Nervenimpulse und wird daher auch als »zweites Nervenmittel« bezeichnet. Plötzlich einsetzende, starke, stechende und wandernde Schmerzen bringt Magnesium phosphoricum schnell zum Verschwinden. Auf die glatte Muskulatur im Organismus wirkt es darüber hinaus schmerz- und krampflösend. Bei Koliken und Krämpfen entspannt es Darm, Magen und Blase. Es wirkt abends schlaffördernd und auf das Immunsystem dämpfend. **Bei Mangel** kommt es zu heftigen und schmerzhaften Krämpfen im Eingeweidebereich und in der Muskula-

NR. 7 – MAGNESIUM PHOSPHORICUM	
Gewebebezug	Nerven, glatte und quer gestreifte Muskulatur
Leitsymptome	Krämpfe und Koliken, überempfindlich gegen Berührung, Dämpfung des Immunsystems
Schlimmer	Bewegung in Kälte, im Freien, nachts, bei Stress, bei leichter Berührung
Besser	Ruhe, Entspannung, Wärme (verkriecht sich unter Decken), Druck
Typisch	Liegt zusammengekrümmt, kauert, zeigt Unruhe mit Maulatmung, ist kurzatmig

tur. In akuten Fällen in der D6 in heißem Wasser gelöst und möglichst warm schluckweise eingegeben, wirkt Magnesium phosphoricum schnell krampflösend und schmerzstillend (→ Tipp Seite 124).

Einsatzgebiete von Magnesium phosphoricum: Es hilft bei allen Koliken und krampfartigen Schmerzen, bei Neigung zu Muskelhartspann nach Kälte- oder Nässeeinfluss, bei Unruhe, Überempfindlichkeit und Muskelzucken, besonders gut gegen Nervenschmerzen (Neuralgien). Auch bei Herzrhythmusstörungen kann es eingesetzt werden. Massive Bauchkrämpfe machen das Aufstehen unmöglich. Harndrang, Atemnot, Krampfhusten, Blähungen, vergeblicher Stuhldrang mit aufgeblähtem Bauch und Fieber mit Schüttelfrost und Gliederzucken können vorkommen. Vor allem schlanke, nervöse, hyperaktive und zu Hysterie neigende Siamkatzen können mit Magnesium phosphoricum ausgeglichener werden.

Nr. 8 – Natrium chloratum

Natrium chloratum – besser bekannt als Kochsalz – kommt im Körper in allen Körperflüssigkeiten und Geweben vor, vor allem in Knorpel- und Knochengewebe, im Magen und in den Nieren. Es reguliert die Wasseraufnahme und -abgabe der Zellen und wird als »Bewässerungsmittel« bezeichnet. Es fördert die Nährstoffversorgung der Zellen und erhöht das Wasserbindungsvermögen von Knorpelgewebe. Zur Aufrechterhaltung des Säure-Basen-Gleichgewichts in der Zwischenzellflüssigkeit ist es das wichtigste Mittel. Es trägt zur Zellneubildung und zur Bildung von Salzsäure im Magen bei. Der die Schleimhäute schützende Schleimstoff Mucin kann nur mit Natrium chloratum ausreichend gebildet werden. Ob Schwellungen (Ödeme) durch ein Zuviel an Wasser oder zu trockene Haut und Schleimhäute auftreten – das Natrium chloratum der Biochemie greift regulierend ein. Da Natriumchlorid in hohen Konzentrationen ein Zellgift ist, ist eine zu hohe Salzaufnahme mit dem Futter problematisch. Als Schüßler-Salz wird Natrium chloratum meist länger in der D6 gegeben.

NR. 8 – NATRIUM CHLORATUM	
Gewebebezug	Körperflüssigkeiten, Zwischenzell-flüssigkeit, Magen, Nieren, Knorpel, Knochen
Leitsymptome	Wässriger Tränen- oder Nasenaus-fluss, stumpfes oder fettiges Fell, tro-ckene schuppige oder fettige Haut
Schlimmer	Morgens, bei feuchtem, nebligem Wetter, durch Anstrengung
Besser	Abends, an frischer, trockener Luft, bei warmem, trockenem Wetter
Typisch	Sucht Salzhaltiges (leckt Hände oder Beine ab)

Einsatzgebiete von Natrium chloratum: Es wirkt aus-gleichend auf den Flüssigkeitshaushalt: Bei »trockenen« Erkrankungen wie zum Beispiel trockener Haut mit fei-nen, weißen Hautschuppen hilft es genauso wie bei Er-krankungen mit einem Überfluss an Feuchtigkeit, etwa wässrigem Fließschnupfen, tränenden Augen, wässrigem Erbrechen, Neigung zu Wassereinlagerungen (Ödemen). Bei häufigem wässrigem Durchfall oder Erbrechen glas-klarer Flüssigkeit oder bei Knacken in Gelenken durch Knorpelschäden kann das Salz gegeben werden.

Nr. 9 – Natrium phosphoricum

Als Bestandteil von Blutkörperchen, Blut- und Gewebe-flüssigkeit, Gehirn-, Muskel- und Nervenzellen ist Na-trium phosphoricum in der Lage, Säuren zu zerlegen. Da es den Säure-Basen-Haushalt reguliert, wird es als »Entsäuerungsmittel« bezeichnet. Es zerlegt Milchsäure in Kohlensäure und Wasser, hilft Fettsäuren zu binden, Kohlenhydrate zu Kohlendioxid und Wasser zu zerlegen und Eiweiße zu Harnstoff abzubauen. Anfallende Säu-ren hält es in Verbindung mit Wasser in Lösung.

Bei Mangel kommt es zur Übersäuerung im Organismus, gegen die die Katze als Fleischfresser jedoch nicht so empfindlich reagiert. Bei Erbrechen und Durchfall riechen die Ausscheidungen meist säuerlich. Katzen zeigen zum Teil abartiges Verlangen nach süßen oder sauren Lebensmitteln. Es kann zur Bildung von Grieß und Steinen in Nieren oder Blase kommen. Natrium phosphoricum wird zur Entschlackung in der Regel über längere Zeit in der D6 gegeben.

Einsatzgebiete von Natrium phosphoricum: Neigen Katzen nach üppigen Mahlzeiten oder ungewohntem Futter zu Verdauungsstörungen mit säuerlich riechenden Durchfällen oder Erbrechen, kann Natrium phosphoricum helfen. Auch bei übergewichtigen, immer hungrigen Tieren, die häufiger sauer riechenden Mageninhalt erbrechen und Blähungen haben, ist es angezeigt. Stein- oder Grießbildung in Galle, Nieren und Blase wird entgegengewirkt. Haben Katzen einen säuerlichen Körpergeruch und fettiges Fell mit verstopften oder entzündeten Talgdrüsen, kann das Mittel die Talgdrüsensekretion regulieren. Bei rheumatischen Beschwerden an Gelenken hilft es ebenfalls.

NR. 9 – NATRIUM PHOSPHORICUM

Gewebebezug	Zwischenzellflüssigkeit, Stoffwechsel
Leitsymptome	Saures Erbrechen, sauer riechender Stuhlgang, Heißhunger auf Saures oder Süßes
Schlimmer	Bei Wetterwechsel nach feuchtkalt; nach dem Fressen, nach sehr fettreichem Futter, bei Bewegung
Besser	Durch Wärme, durch Verkriechen unter eine Decke, durch Massieren des Bauches
Typisch	Kristall-, Grieß- oder Steinbildung in Galle, Nieren, Blase

Nr. 10 – Natrium sulfuricum

Das medizinisch als Glaubersalz bezeichnete Natrium sulfuricum kommt im Körper hauptsächlich im Extrazellularraum (→ Seite 176) und in verschiedenen Körperflüssigkeiten vor. Es hat die Aufgabe, den Körper zu entwässern, Stoffwechselschlacken auszuscheiden und den Organismus zu entgiften. Es regt die Leber-, Galle-, Darm-, Nieren- und Blasentätigkeit an und wird als das »Ausscheidungsmittel« der Biochemie angesehen. Nr. 9 Natrium phosphoricum löst die Schlacken aus dem Gewebe, Nr. 10 Natrium sulfuricum scheidet sie aus.

Ein Mangel führt zur Störung der Ausscheidung von Stoffwechselschlacken. Dadurch kann es zu Wassereinlagerungen im Bindegewebe kommen, zu nässenden, juckenden Hautveränderungen oder nicht abheilenden Geschwüren. In der Regel wird es längere Zeit in der D6 gegeben, um den Organismus zu entschlacken.

Einsatzgebiete von Natrium sulfuricum: Neigen Katzen zu morgendlichen stinkenden Durchfällen im Wechsel mit Verstopfung, zu stinkenden, geräuschvollen Blähungen mit unwillkürlichem Stuhlabgang, dann

NR. 10 – NATRIUM SULFURICUM	
Gewebebezug	Körperflüssigkeiten, zwischen den Zellen (Extrazellularraum)
Leitsymptome	Starker Körpergeruch, stinkende Durchfälle morgens, Hautpilzerkrankungen
Schlimmer	Durch Feuchtigkeit, feuchtes Wetter, leichte Berührung, gegen Morgen
Besser	Durch Wärme, Druck, Verkriechen unter eine Decke, warmes Wetter
Typisch	Gelb-grünliche, stinkende Absonderungen, Wassereinlagerungen in Gewebe

kann Natrium sulfuricum helfen. Ebenso kann es eingesetzt werden bei Hautpilzerkrankungen, nässenden Hautausschlägen und Geschwüren. Bei Lebererkrankungen regt es den Gallefluss an.

Nr. 11 – Silicea

Silicea gilt als das älteste Heilmittel der Menschheit und wurde schon bei den alten Ägyptern verwendet. Für den Körper ist es als Bestandteil des Bindegewebes essenziell. Es kommt in allen Organen vor, in denen Bindegewebe vorhanden ist. Es ist an der Bildung von Kollagen beteiligt, einer Eiweißsubstanz, die zur Entwicklung und Stabilisierung von Bindegewebe, Sehnen, Knochen und Knorpel benötigt wird. Es ist das »Stabilisierungsmittel« der Biochemie. Silicea steigert die Widerstandsfähigkeit von Geweben und sorgt für deren Elastizität. Es kann wuchernde Narben glätten, fördert die Wundheilung bei schlecht heilenden, infizierten Wunden, kräftigt die Haut, verbessert das Knochenwachstum, wirkt gegen Blähungen und hemmt Fäulnisprozesse im Darm. Es spielt eine wichtige Rolle für den Aufbau von Knochengewebe. Es stimuliert Milz und lymphatisches Gewebe zur Produktion von Abwehrzellen. Dank seiner hohen Toxinbindungsfähigkeit (Toxine sind Bakteriengiftstoffe) wirkt es auf Entzündungen mit Eiterungen einschmelzend und bringt Abszesse zum Reifen.

Bei Mangel kommt es zum vorzeitigen körperlichen Altern, zu Licht- und Geräuschempfindlichkeit, Erschöpfung und Neigung zu Eiterungen. Silicea wird meist über einen längeren Zeitraum in der D12 verabreicht.

Einsatzgebiete von Silicea: Für schreckhafte, geräusch- und lichtempfindliche, eher zart gebaute Katzen, die leicht frieren und ständig zittern, ist Silicea das Typmittel. Bei allen Entzündungen mit Eiterungen, wie zum Beispiel Abszesse, Fisteln oder Krallenbettentzündungen, ist es das Hauptmittel. Es kann Fremdkörper, etwa Splitter in Pfoten, austreiben und hilft bei brüchigen Krallen. Auch bei Hautjucken, Haarausfall oder Haarwachstumsstörungen kann es verabreicht werden.

NR. 11 – SILICEA	
Gewebebezug	Bindegewebe, Nerven, Haut, Haare, Krallen
Leitsymptome	Überempfindlichkeit gegen Lärm, Zittern, Bindegewebsschwäche; Katzen sehen alt und ausgemergelt aus
Schlimmer	Durch Kälte, Lärm, Aufregung, Berührung, Bewegung, abends und nachts, bei Gewitter
Besser	Durch Wärme, Verkriechen unter eine Decke, Ruhe, nach Urinabsatz
Typisch	Neigung zu Eiterungen, Haar- und Krallenprobleme, faltige Haut

Silicea hilft bei Bindegewebsschwäche, Bänderschwäche oder Neigung zu Knochenbrüchen. Der Abbau von Ergüssen oder Gewebeverhärtungen unter der Haut wird ebenfalls beschleunigt. Bei unwillkürlichen Muskelzuckungen oder Neuralgien hilft es, die Funktion des Nervengewebes zu normalisieren. Besonders alt aussehenden Katzen kann es wieder neuen Schwung geben.

Nr. 12 – Calcium sulfuricum

Dr. Schüßler nahm dieses Salz kurz vor seinem Tod aus seiner Biochemie wieder heraus, da er es nicht konstant im Organismus nachweisen konnte. Seine Nachfolger nahmen es bald wieder auf. Es kommt vorwiegend in Leber und Galle vor, aber auch im Knorpel, im Binde- und Stützgewebe von Gelenken und beschichtet Innenwände, wie zum Beispiel in den Augen, in Magen oder Gallenblase. Einen besonderen Bezug hat es zu Haut und Schleimhäuten. Es sorgt für den Abtransport von eitrigen Sekreten. Das säurefeste Salz ist Bestandteil der Eiweißbausteine (Aminosäuren) und hemmt Entzündungen im Haut- und Unterhautbereich. Calcium sulfu-

ricum ist das wichtigste Reinigungs- und Regenerationsmittel der Biochemie. Es fördert die Ausscheidung, indem es die Leber als Hauptentgiftungsorgan anregt und
das Wachstum neuer Zellen unterstützt. Es ist am Aufbau von Knorpel-, Stütz- und Bindegewebe beteiligt.
Bei Mangel kann es zu chronischen Erkrankungen mit
dickem, gelbem Eiter kommen. Während es bei Eiterungen in der D12 rasch wirkt, muss es für eine tief greifende Umstimmung des Organismus längerfristig in der D6
verabreicht werden. Zusammen mit einem der anderen
elf Mittel gegeben, kann es dessen Wirkung verstärken.
Einsatzgebiete von Calcium sulfuricum: Es sorgt für
den Abbau des Eiters, wenn ein Abszess bereits geöffnet
ist. Es wird deshalb nach der Spaltung von Abszessen
eingesetzt, außerdem bei eitrigen Bindehaut- oder Mandelentzündungen, Stirn- und Kieferhöhlenvereiterun-
gen, Bronchitis und Harnblasenentzündung. Sämtliche
Schleimhauterkrankungen mit dickflüssigen, gelb-grünlichen und stinkenden Absonderungen heilen mit Calcium sulfuricum langfristig wieder ab. Als Salz für die
Gelenke hilft es bei altersbedingten degenerativen Erkrankungen von Gelenken.

NR. 12 – CALCIUM SULFURICUM

Gewebebezug	Haut, Schleimhäute, Gelenke
Leitsymptome	Chronische und subakute (nicht mehr ganz frische) entzündliche Prozesse
Schlimmer	Durch extreme Temperaturunterschiede, in warmen Räumen, durch psychischen Druck wie etwa Angst
Besser	Durch Wärme, stabile Wetter- und Temperaturverhältnisse, durch energiestärkende Therapiemaßnahmen
Typisch	Dicke, gelbe bis grüne, meist stinkende Absonderungen aus Haut und Schleimhäuten

Grenzen der Therapie mit Schüßler-Salzen

Jede Therapieform hat ihre Grenzen, so auch die Biochemie nach Schüßler. Bei unklaren Symptomen, die länger als zwei bis drei Tage anhalten, sollte ein Tierarzt abklären, was der Katze fehlt. Das gilt auch für plötzlich auftretende schwerwiegende Symptome wie beispielsweise massives Erbrechen oder blutiger Durchfall. Bei Erkrankungen wie Darmverschluss, Knochenfrakturen, Nierenversagen oder Vergiftungen muss sofort operiert oder intensiv tierärztlich behandelt werden! Jede Verzögerung mindert hier Überlebenschancen und Heilungsaussichten. Verschlechtert sich das Allgemeinbefinden der Katze unter der Gabe entsprechender biochemischer Mittel, sollte ebenfalls ein Tierarzt aufgesucht werden. Er entscheidet, welche Untersuchungen und Therapiemaßnahmen erforderlich sind. Gegen eine begleitende Behandlung mit Schüßler-Salzen spricht meist nichts, doch sollten Sie den Therapeuten darüber informieren. Schüßler-Salze können eine vollständige Heilung erreichen, wenn noch keine irreversiblen Schäden an Organen oder Geweben vorliegen. Sind durch eine Erkrankung bereits viele Zellen abgestorben, können diese in manchen Geweben wie der Niere oder dem Zentralnervensystem nicht mehr neu gebildet werden. Zubildungen an Knochen und Gelenken bei Arthrosen können ebenfalls nicht mehr rückgängig gemacht werden.

Nicht geheilt werden können durch Schüßler-Salze

➤ angeborene Missbildungen wie Gaumenspalte, Herzfehler, Knickschwanz, Kleinhirnhypoplasie (→ Seite 179),

➤ Erbkrankheiten wie Kardiomyopathien (→ Seite 179), Polyzystische Nierenerkrankung, Nabelbruch, Taubheit,

➤ angeborene Charakterschwächen wie extreme Ängstlichkeit, Aggressivität, Unsauberkeit,

➤ fehlende Sozialisation im Hinblick auf den Menschen – solche Katzen werden nie richtig zutraulich,

➤ Schäden durch Fehl-, Mangel- oder Überernährung wie krumm gewachsene Knochen (durch Mineralstoffmangel) und Hautentzündung (durch Zinkmangel),

➤ vollständig zerstörte Gewebestrukturen wie etwa durchtrennte Nerven, Muskeln, Sehnen, Bänder,

➤ degenerative Veränderungen an Geweben wie Knorpelschäden, Knochenzubildungen bei Arthrosen,

➤ Knochenbrüche, wenn die Bruchenden nicht stabil fixiert worden sind,

➤ akutes und chronisches Herz-, Leber- oder Nierenversagen,

➤ massiver Parasitenbefall, zum Beispiel mit Spul-, Haken- oder Bandwürmern, mit Flöhen oder Zecken,

➤ ansteckende Infektionskrankheiten wie zum Beispiel Leukose oder Feline Infektiöse Peritonitis (FIP),

➤ heftige allergische Erscheinungen wie Nesselsucht, Hautentzündungen durch Kontaktallergie.

Bei Erkrankungen mit irreversiblen Gewebe- oder Zellschäden oder bei solchen, bei denen die körpereigene Selbstregulation in ihrer Funktion beeinträchtigt ist, können Schüßler-Salze als Begleit- oder Basisbehandlung eingesetzt werden. Bei konsequenter und langzeitiger Anwendung kann es Katzen trotz unheilbarer Veränderungen gut gehen. So werden etwa bei Spondylosen (→ Seite 183) seltener starke schulmedizinische Schmerzmittel benötigt. Bei regelmäßig wiederkehrenden Problemen wie zum Beispiel Neigung zu Erkältungen können mit Schüßler-Salzen zwar die Symptome wie Schluckbeschwerden wieder beseitigt werden, doch eine endgültige Heilung findet nicht statt, wenn nicht die genaue Ursache abgestellt werden kann.

INFO

Diagnostik heute
Die moderne Tiermedizin kann durch Blut-, Urin-, Röntgen- oder Ultraschalluntersuchungen schwere Erkrankungen, zum Beispiel von Herz, Leber oder Niere, bei Tieren bereits in frühen Stadien feststellen. Diese diagnostischen Möglichkeiten sollten bei schon länger bestehenden Gesundheitsproblemen auf jeden Fall genutzt werden, um ernste Erkrankungen auszuschließen.

Nebenwirkungen

Einige Katzen reagieren auf Milchzucker mit Durchfall, Bauchweh oder Blähungen. Ihnen können die Schüßler-Salze auch als Globuli (Streukügelchen aus Rohrzucker) gegeben werden. Diese erhalten Sie in der Apotheke, wenn Sie zum Beispiel Kalium chloratum D6 Globuli verlangen. Die ebenfalls erhältlichen alkoholischen Lösungen (Dilutionen) werden von den meisten Katzen abgelehnt. Falls Ihre Katze sie mag, können Sie die Lösung verdünnt direkt in die Lefzen geben. Bestellt wird zum Beispiel Magnesium phosphoricum D6 Dilution.

Erstverschlimmerung: In seltenen Fällen ist anfangs eine kurzzeitige Verschlimmerung der Beschwerden möglich. So kann zum Beispiel bei Lahmheiten die Katze in den ersten Tagen nach Therapiebeginn schlechter laufen oder hochspringen als zuvor. Allgemeinbefinden und Appetit sind dabei nicht beeinträchtigt. Sollten sich diese Symptome nicht innerhalb von ein bis zwei Tagen wieder bessern, sollten Sie das Präparat sofort absetzen und Rücksprache mit dem Therapeuten halten.

Verhaltensänderungen: In den ersten Tagen der Einnahme kann es zu leichter Apathie, vermindertem Appetit und zu Müdigkeit kommen. Die im Körper in Gang gesetzten Regulationsvorgänge verbrauchen Energie und machen müde. Auch vermehrter Durst und ein gesteigerter Urinabsatz kommen vor. Denn die Schlacken im Körper können nur dann abtransportiert und ausgeschieden werden, wenn genug Wasser als Lösungsmittel vorhanden ist. Der Urin kann auch völlig anders riechen als sonst und eine andere Farbe haben.

Wechselwirkungen

Grundsätzlich können die Schüßler-Salze auch zusammen mit anderen naturheilkundlichen oder schulmedizinischen Medikamenten angewendet werden. Sie sollten Ihren Therapeuten jedoch darüber informieren, welche Präparate oder Futterzusätze Ihre Katze von Ihnen bekommt. Im optimalen Fall bezieht er dies in seinen

Therapieplan mit ein. Er kann Ihnen auch sagen, ob die Schüßler-Salze zusammen mit weiteren Medikamenten, die Ihre Katze bekommen muss, bedenkenlos gegeben werden können. Beachten Sie bitte, dass Sie Ihre Katze mit Futterzusätzen und naturheilkundlichen Mitteln auch übertherapieren können! Statt den Organismus zu entlasten, können Sie dadurch auch Belastungen aufbauen. Sollte Ihre Katze die Einnahme von Schüßler-Salzen eine Zeit lang partout verweigern, so zwingen Sie sie nicht mit allen Mitteln zur

> *In den ersten Tagen nach der Einnahme von Schüßler-Salzen kann Ihre Katze müder sein als normal.*

Einnahme. Vielleicht braucht sie ja momentan keine Medikamente. Oft haben Tiere ein sehr gutes Gefühl dafür, was sie brauchen und was nicht. Überprüfen Sie Ihre Auswahl, und machen Sie erst einmal ein bis zwei Wochen Pause mit der Gabe.

Sollten Sie beim Aussuchen der biochemischen Mittel einmal ein unpassendes Mittel für Ihre Katze gewählt haben, passiert ihr dadurch nichts. Allerdings wird sich ihr Gesundheitszustand auch nicht positiv verändern. Bei akuten Beschwerden sollte durch Schüßler-Salze innerhalb weniger Tage eine deutliche Besserung eintreten. Selbst bei chronischen, schon sehr lange bestehenden Problemen sollten Sie in einem Zeitraum von drei bis vier Wochen eine Veränderung feststellen können.

Bitte beachten: Gehen Sie lieber einmal zu oft zum Tierarzt und lassen Ihre Katze untersuchen. Nur der Fachmann kann bei unklaren Beschwerden abklären, ob das Anfangsstadium einer schweren Erkrankung vorliegt oder ob es nur eine harmlose Erkältung ist. Und bedenken Sie: Es ist keinem Tier verboten, mehr als eine Krankheit gleichzeitig zu haben.

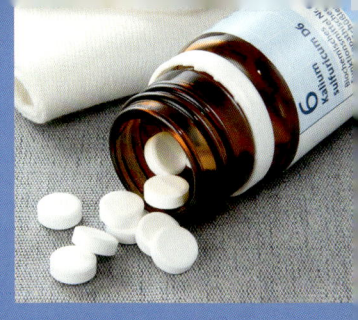

Die zwölf Schüßler-Salze

In diesem Kapitel lernen Sie die zwölf Schüßler-Salze genau kennen. Von ihren Haupteinsatzgebieten bis hin zu typischen Charaktermerkmalen einer Katze erfahren Sie alles über die zwölf Salze und die Ergänzungsmittel.

Einführung in die Salze-Therapie

Im ersten Kapitel haben Sie das Wichtigste über die Biochemie nach Schüßler erfahren. Um sich eingehender mit den einzelnen Mitteln vertraut zu machen, finden Sie nachfolgend eine ausführliche Darstellung.

Biochemie beim Menschen: Die Biochemie als Therapieform wurde von Schüßler ursprünglich für den Menschen entwickelt. Einen Menschen kann man fragen, wie es ihm geht, wie er sich fühlt, wo es ihm wehtut, ob der Schmerz nur zeitweise da ist oder dauernd. Man kann alle Symptome sammeln und dann in einer inzwischen großen Anzahl von Ratgebern nachschlagen, welche Mittel dafür infrage kommen.

Wie ist das bei der Katze? Bei der Katze ist es schwieriger. Hier sind Sie wie bei einem kleinen Kind, das noch nicht sprechen kann, auf das genaue Beobachten angewiesen. Zudem brauchen Sie genaue Kenntnisse über das normale Verhalten einer Katze. Oft werden Sie bei Ihrer Katze zwar merken, dass etwas nicht stimmt, aber Sie können nicht genau sagen, was ihr eigentlich fehlt.

Wann zum Tierarzt? Wenn Sie nicht wissen, was Ihrer Katze fehlt oder wodurch ihre Beschwerden verursacht sein könnten, sollten Sie sicherheitshalber immer zuerst von einem Tierarzt abklären lassen, ob sie nicht eine ernsthafte, schwere Erkrankung hat, bei der Schüßler-Salze allein zur Behandlung nicht ausreichen.

Wenn sich durch die Behandlung mit Schüßler-Salzen die bestehenden Beschwerden nicht innerhalb von zwei bis drei Tagen deutlich gebessert haben, dürfen Sie nicht zögern, zum Tierarzt zu gehen. Auch wenn sich das Allgemeinbefinden der Katze während der Behandlung verschlechtert, rate ich zum sofortigen Tierarztbesuch. Wenn sich Krankheitserscheinungen zwar bessern, aber länger als eine Woche anhalten oder wiederkehren, muss die Katze ebenfalls gründlich untersucht werden. Bei chronisch kranken Tieren, die zum Beispiel nierenkrank sind, sollten trotz unterstützender Behandlung mit Schüßler-Salzen regelmäßig Vorsorgeuntersuchungen beim Tierarzt durchgeführt werden.

Aufbau der einzelnen Kapitel: Um Ihnen eine schnelle Orientierung zu ermöglichen, sind alle Porträts der zwölf Salze nach dem gleichen Schema aufgebaut:

➤ Beginnend mit der Chemie des jeweiligen Salzes, dem Vorkommen im Organismus (→ Tabelle Seite 14), Informationen über Mangelzustände und über die Haupteinsatzgebiete beim Menschen folgen die feststellbaren Mangelzeichen bei der Katze, typische Charaktereigenschaften und Verhaltensweisen.

➤ In einem Kopf-bis-Fuß-Schema, geordnet nach Organsystemen, werden relativ leicht feststellbare Symptome und Erkrankungen aufgezählt, die beim jeweiligen Schüßler-Salz vorkommen können.

Nicht bei jeder Katze müssen alle genannten Anzeichen vorkommen, um ein bestimmtes Präparat einzusetzen. Es wurde ganz bewusst auf die medizinischen Fachausdrücke verzichtet, denn die meisten Katzenbesitzer haben keine medizinische Ausbildung.

➤ Abschließend wird noch auf die sogenannten Modalitäten eingegangen, das heißt, wann sich Beschwerden bessern oder verschlimmern. Ebenso werden die Salze mit ähnlicher Wirkung aufgezählt, bewährte Kombinationen genannt und über die Art und Dauer der Anwendung informiert.

➤ Auf einen Blick sehen Sie dann zum Schluss das Wichtigste zum jeweiligen Salz.

INFO

Wissenswertes zu Kauf und Lagerung

➤ Als biochemische Arzneimittel werden Schüßler-Salze in Deutschland nur in Apotheken verkauft.

➤ Die Präparate sind – genauso wie homöopathische Mittel – sehr lange haltbar. Um ihre Wirksamkeit zu erhalten, sollten sie kühl, dunkel und trocken aufbewahrt werden. Weiterhin ist wichtig, sie nicht in der Nähe von elektrischen Geräten, Handys oder Stromleitungen aufzubewahren, damit sie nicht durch Elektrosmog beeinflusst werden.

Nr. 1 – Calcium fluoratum

Chemie: CaF_2 – Fluorkalzium, Kalziumfluorid, Flussspat

Vorkommen im Organismus: Vorwiegend in der Oberfläche der Knochen, im Zahnschmelz, aber auch im Gehirn, in den Augenlinsen, in Sehnen, Bändern und Gefäßen, in der Oberhaut und in allen elastischen Geweben.

Wirkung: Fluorkalzium ist eine schwer lösliche, harte Substanz. Ein Großteil ist in der Knochenmasse, -oberfläche und im Zahnschmelz gebunden. Es wirkt festigend, härtet Knochen und Zahnschmelz. Es hat darüber hinaus enge Beziehung zu Strukturproteinen wie zum Beispiel Keratin, Kollagen oder Elastin, die als Gerüstsubstanzen dienen und die Organe und Gewebe in Form halten. Weiterhin ist es ein wichtiger Bestandteil der Spinnwebenhaut (Arachnoidea), die Gehirn und Rückenmark elastisch umgibt.
Als Bestandteil der elastischen Fasern in den Muskeln der Arterien, in Fingernägeln, Muskeln, Bändern und verschiedener innerer Organe reguliert es die Spannungsverhältnisse in Geweben und Gefäßen. Es kräftigt Bänder und Sehnen und kann schlaffe, faltige Haut wieder fester machen. Es sorgt dafür, dass elastische Fasern sich nach einer Dehnung wieder zusammenziehen können. Überall, wo Gewebe stark gedehnt wurde und sich nicht mehr zusammenziehen kann oder wo sich etwas zusammengezogen bzw. verhärtet hat und nicht mehr dehnen lässt, wirkt Calcium fluoratum ausgleichend.
An Stellen, an denen der Körper besonderen Belastungen ausgesetzt ist, hilft es, eine Schutzschicht aus Hornstoff (Keratin) zu bilden. Aber Calcium fluoratum kann auch im Übermaß vorhandenen Hornstoff (Keratin), zum Beispiel bei rissigen Pfoten, auflösen.

Mangel: Bei einem Mangel an Calcium fluoratum erschlaffen die Bänder, was sich vor allem bei älteren Katzen in losen Gelenken und nachlassendem Sprungvermögen zeigen kann. Zusätzlich neigen solche Katzen zu ausgeprägtem Hängebauch und langen, spröden Krallen, die in die Ballen einwachsen können. Durch Veränderungen der Bänder im Zahnhalteapparat können ansonsten gesunde Zähne ausfallen. Defekte im Zahnschmelz mit Abbrechen von Zahnkronen sind häufig. Mangelerscheinungen können sich aber auch durch Sehnen- oder Muskelverkürzungen und Verhärtungen zeigen. Alte Katzen laufen dann nur noch in Tippelschritten und meiden Sprünge. Knochenzubildungen in Form von Überbeinen, Schrunden oder Warzen und verhärtete Narben können ebenso auftreten.

Haupteinsatzgebiete beim Menschen: Als das »Elastizitätsmittel« der Biochemie wird Calcium fluoratum überall dort gebraucht, wo erschlafftes Gewebe gestrafft und verhärtetes Gewebe erweicht werden soll. Bei folgenden Beschwerden hat es sich bewährt:
➤ Krampfadern, Besenreiser-Venen, venöse Stauungen
➤ Erschlaffte, faltig-trockene und rissige Haut
➤ Schuppenflechte
➤ Finger- und Fußnageldeformationen, Pilzbefall der Nägel
➤ Harte Warzen, harte und wulstige Narben
➤ Arthrotisch veränderte Gelenke durch Gelenkabnutzung mit Verhärtung, Fersensporn
➤ Gewebszerreißungen wie bei Schwangerschaftsstreifen
➤ Afterfissuren und Hämorrhoiden

Feststellbare Mangelzeichen bei Katzen: Katzen können Gelenk-, Sehnen- und Bänderschwächen haben. Es

INFO

Schüßler Original
»Fluorcalcium ist in der Oberfläche der Knochen, im Schmelz der Zähne, in den elastischen Fasern und in den Epidermiszellen enthalten. Eine Störung ... seiner Moleküle ... hat zur Folge:
1. ein hartes, höckeriges Exsudat auf der Oberfläche eines Knochens,
2. eine Erschlaffung elastischer Fasern ...,
3. Austritt von Keratin ... aus den Epidermiszellen.«

sind meist eher schmale, unterernährte und schwächliche, wärmeliebende Tiere mit Hängebauch und loser, hängender Haut, die einen Mangel an Calcium fluoratum haben. Ihre Krallen können spröde sein und splittern bei stärkeren Belastungen ab. Drüsen können schmerzlos verhärtet sein. Die Katzen neigen zu chronischem Schnupfen. Diese Prozesse entwickeln sich langsam, zeigen sich in einer zunehmenden Erschöpfung und können zum Beispiel auch Folgen einer chronischen Überbelastung sein.

Hält ein Mangel längere Zeit an, kann es zu massiven Verhärtungen in verschiedensten Geweben kommen, die Sklerosen genannt werden. Auch Tumorbildung ist möglich. Ebenso können Zubildungen und Auflagerungen an Knochen (Überbeine) vorkommen.

Charakter/Verhalten: Katzen, die Calcium fluoratum brauchen, sind eher unruhig, hektisch, ungeduldig und werden im Alter leicht reizbar. Nichts kann ihnen schnell genug gehen. Sie sind immer heißhungrig und betteln bei jeder Gelegenheit nach Futter.

Oft sind die Tiere ohne erkennbaren Grund ängstlich und schrecken plötzlich aus dem Schlaf hoch. Dauernd versuchen sie die Aufmerksamkeit ihrer Bezugsperson zu erregen. Zusätzlich sind sie wenig flexibel und passen sich schwer an veränderte Umweltbedingungen an, etwa nach einem Umzug. Manchmal ziehen sie sich dann zurück und wirken ausgesprochen depressiv. Sie haben wenig Selbstvertrauen und lassen viel über sich ergehen. Oft sind sie bereits in den frühen Morgenstunden zwischen 3 und 5 Uhr hellwach und wollen spielen oder rausgehen. Sind sie krank, können sie sehr wehleidig sein und lassen sich bedauern.

Kopf-bis-Fuß-Schema
Augen und Ohren:
➤ Neigung zu grauem Star im Alter, Linsentrübung nach Entzündungen am Auge
➤ Altersschwerhörigkeit, Taubheit
➤ Orientierungsprobleme nach Schlaganfall

Haut und Haarkleid:

➤ Trockenes, stumpfes Haarkleid, das bei Langhaarkatzen zum Verfilzen neigt; die Katzen verlieren viele Haare

➤ Spröde, sich oft abschälende und zum Einwachsen neigende Krallen

➤ Verhärtungen in der Unterhaut, selten Warzenbildung

➤ Nässende Ausschläge um die Körperöffnungen

➤ Verstärkter Juckreiz abends in der Wärme

➤ Juckende alte Narben

➤ Bindegewebsschwäche mit Hängebauch

Kristallbild von Calcium fluoratum – dem Schüßler-Salz für den Aufbau von Knochen, Sehnen, Bändern und Nägeln.

Knochen und Gelenke (Bewegungsapparat):

➤ Bei sämtlichen Knochenerkrankungen: Schwellungen, Entzündungen, Eiterungen

➤ Gelenkschwellungen mit Entzündung und lockeren Bändern

➤ Einschränkung der Beweglichkeit von großen Gelenken durch arthrotische Veränderungen

➤ Schmerzen in der Muskulatur, Muskelzittern

➤ Muskelschwund an den Hinterbeinen (Oberschenkel)

Herz, Blut- und Kreislauforgane:

➤ Nervöse Herzbeschwerden mit Angst und Panikanfällen

➤ Herzerweiterung, Herzvergrößerung

Atmungsorgane:

➤ Katarrhe mit verhärtenden Absonderungen, zum Beispiel Schnupfen mit Krustenbildung in der Nase

➤ Neigung zu verstopfter Nase mit Schwund der Nasenschleimhaut oder Polypenbildung

➤ Eitrige Hals- und Mandelentzündungen

➤ Zerstörung von Lungengewebe durch geplatzte Lungenbläschen (Lungenemphysem)

Verdauungsorgane:
➤ Später Zahnwechsel, Neigung zu Zahnschmelzdefekten und abbrechenden Zähnen
➤ Lockerung des Zahnhalteapparates (Parodontose)
➤ Zunge oft geschwollen mit bräunlichem Belag
➤ Abmagerung trotz gutem Appetit
➤ Besitzt kein Sättigungsgefühl, frisst bis zum Umfallen
➤ Blähungen
➤ Chronische Verstopfung wechselt mit Durchfall ab
➤ Muss stark pressen, um Kot abzusetzen
➤ Brennen und Jucken um den After, eventuell mit Einrissen

Harn- und Geschlechtsorgane:
➤ Häufiger oder plötzlicher Harndrang
➤ Harnmenge entweder vermehrt oder vermindert
➤ Neigung zu Harngrieß (FUS = Felines Urologisches Syndrom)
➤ Harn stark stinkend

Nervensystem:
➤ Wiederkehrend akut schmerzhafte Rückenbeschwerden (Neuralgien)
➤ Schmerzen verschlimmern sich in Ruhe und durch Liegen auf der schmerzhaften Stelle
➤ Orientierungs- und Anpassungsschwierigkeiten im Alter (Demenzerscheinungen)
➤ Schlaganfall
➤ Konzentrations- und Lernschwierigkeiten
➤ Zittern bei Kälte

Besserung: Durch Wärme, längere Bewegungsphasen, Massagen und durch Essen.

Verschlimmerung: Bei feuchtem, nebligem Wetter, in der Kälte und gleich nach dem Aufstehen. Ebenso durch plötzliche Wetterwechsel und bei Gewitterfronten.

Ähnliche Salze
➤ Nr. 2 Calcium phosphoricum – Stärkungsmittel
➤ Nr. 8 Natrium chloratum – Knorpelregeneration
➤ Nr. 11 Silicea – Bindegewebsstabilisierung

Bewährte Kombinationen mit Calcium fluoratum

➤ Nr. 2 Calcium phosphoricum: bei Knochenproblemen

➤ Nr. 7 Magnesium phosphoricum, Nr. 11 Silicea:
bei Angstgefühlen, Ängstlichkeit

➤ Nr. 8 Natrium chloratum, Nr. 11 Silicea: bei Wachs-
tums- und Entwicklungsstörungen

➤ Nr. 9 Natrium phosphoricum, Nr. 11 Silicea: bei
eitrigen Hautgeschwüren

➤ Nr. 11 Silicea: bei Bindegewebsschwäche, Alters-
beschwerden wie Altersschwerhörigkeit, Schlaganfall

Anwendungsempfehlungen

Calcium fluoratum als wichtigstes Knochenmittel, als
»Elastizitätsmittel« der Biochemie muss in der Regel
sehr lang verabreicht werden. Da es hilft, Alterserschei-
nungen vorzubeugen, kann es bei alten Katzen, die viele
typische Symptome und Verhaltensweisen von Calcium
fluoratum zeigen, dauernd gegeben werden.

Geben Sie es 2- bis 5-mal täglich in der D12 – je mehr
Mangelzeichen vorhanden sind, desto häufiger. Bei
Dauergabe sollten Sie es der Katze vormittags und
abends geben. Zur Dosierung → Seite 124.

Bei Jungtieren achten Sie bitte darauf, dass sie nicht zu
schnell an Gewicht zunehmen, da dies zur Überlastung
der noch wachsenden Knochen führen kann.

AUF EINEN BLICK

Calcium fluoratum
Es ist das »Knochenmittel« der Biochemie und kann im Laufe
eines Katzenlebens bei allen Knochenproblemen angezeigt
sein. Als Elastizitätsmittel wirkt es ausgleichend auf Span-
nungszustände in Geweben.
Es hilft bei Erkrankungen, die mit einem schwachen Knochenbau, mit schwachem Bindegewebe oder Verhärtungen zu tun
haben. In besonderem Maße ist es ein Mittel für Jungtiere
und für Senioren.

Nr. 2 – Calcium phosphoricum

Chemie: $CaHPO_4 \times 2\ H_2O$ – phosphorsaurer Kalk, Kalziumphosphat, Kalziumhydrogenphosphat

Vorkommen im Organismus: Vorwiegend in Knochen und Zähnen – es bildet die Hauptmasse der Knochensubstanz, kommt aber auch in Muskel-, Gefäß-, Nerven-, Gehirn- und Leberzellen vor, und dort meist in den Zellkernen.

Wirkung: Phosphorsaurer Kalk ist das wichtigste Aufbausalz der Biochemie für Knochen- und Zahngewebe. Zusammen mit Magnesium fördert es die Muskelfunktion – es wirkt sowohl auf Muskel- wie auch auf Nervenzellen entkrampfend und entspannend. Es verleiht den Knochen Festigkeit und fördert nach Knochenbrüchen die Kallusbildung (Knochenzubildung zur Stabilisierung eines Bruchs). Während Nr. 1 Calcium fluoratum die Hülle (Knochenhaut, Zahnschmelz) bildet, ist Calcium phosphoricum für die innere Struktur zuständig (Knochen, Zahnbein). Es dämpft überschießend ablaufende Abbauprozesse im Organismus.
Es hilft bei der Umwandlung von aus dem Darm aufgenommenem Nahrungseiweiß in körpereigene Eiweiße. Sie werden zur Bildung von verschiedensten Zelltypen wie zum Beispiel Blutzellen benötigt. Weiterhin reguliert es die Durchlässigkeit der Zellmembranen und ist zur Bildung roter und weißer Blutkörperchen notwendig. Bei der Blutgerinnung spielt es eine wichtige Rolle.
Es dämpft die Erregbarkeit von Muskeln und Nerven und hat damit eine beruhigende Wirkung auf das Nervensystem. Ebenso löst es lang anhaltende Muskelkrämpfe der willkürlichen, quer gestreiften Muskulatur, während Nr. 7 Magnesium phosphoricum eher krampfartige Schmerzen (Koliken) der unwillkürlichen, glatten Muskulatur beeinflusst. Nicht zuletzt fördert das Salz die Konzentration, steigert das Leistungsvermögen und die geistige Aufnahmefähigkeit und wirkt gegen anämische (→ Seite 174) Zustände.

Mangel: Die blässliche Verfärbung im Gesicht von Menschen mit Mangel an Calcium phosphoricum (»Wachsgesicht«) ist bei Katzen so nicht feststellbar, doch machen solche Tiere einen matten und schwachen Eindruck. Sie sind meist dünn, mager und zartgliedrig. Jungtiere haben unausgeglichene Proportionen, wirken wie zu schnell gewachsen. Möglich sind:

➤ Abmagerung und Blutarmut mit rascher Erschöpfung
➤ Entwicklungsstörungen von Jungtieren
➤ Schmerzen an Knochen und Gelenken
➤ Krämpfe der Skelettmuskulatur
➤ Übergroße Erregbarkeit der Nerven

Haupteinsatzgebiete beim Menschen: Als das »Aufbau- und Kräftigungsmittel« der Biochemie wird Calcium phosphoricum bei Erkrankungen eingesetzt, bei denen Störungen im Knochenstoffwechsel vorliegen oder die Nahrung nur ungenügend in körpereigene Aufbaustoffe umgewandelt werden kann. Bei folgenden Beschwerden hat es sich bewährt:

➤ Knochen- und Zahnerkrankungen
➤ Schlecht heilende Knochenbrüche
➤ Muskelkrämpfe und Schmerzen bei blassen Menschen mit Kribbeln und Taubheitsgefühl
➤ Nervenschwäche, Nervosität
➤ Blutarmut, rasche Ermüdbarkeit

Feststellbare Mangelzeichen bei Katzen: Eher die großen, hochwüchsigen, langbeinigen und schlanken Jungtiere, die ihr Futter schlecht verwerten, die eine schwach

---

INFO

Schüßler Original
»Phosphorsaurer Kalk ist in allen Zellen enthalten, am reichlichsten ist er in den Knochenzellen (Knochenkörperchen) vertreten. Er spielt bei der Neubildung der Zellen die Hauptrolle, darum dient er als Heilmittel anämischer Zustände und als Restaurationsmittel der Gewebe nach Ablauf akuter Krankheiten. ... Er fördert die Callusbildung nach Knochenbrüchen ...«

entwickelte Muskulatur haben, die für Katzenverhältnisse ungelenk laufen und beim Hochspringen oft abrutschen, wobei sie zu Knochenbrüchen mit schlechter Heilungstendenz neigen, können einen Mangel an Calcium phosphoricum haben. Auch das gegenteilige Erscheinungsbild mit Entwicklungsstillstand und Zwergenwuchs kann vorkommen. Jungtiere sind oft kränklich, schnell erschöpft, frieren leicht, ihr Rücken hängt durch, und die Muskulatur ist schwach ausgebildet. Überproportional große Gewichtszunahme während des Wachstums kann zu Knochen- und Bänderschwächen führen. Besonders bei nassem oder kaltem Wetter oder bei Zugluft treten Beschwerden vermehrt auf.

Charakter/Verhalten: Katzen, die Calcium phosphoricum brauchen, sind oft nervös, leicht erregbar, übersensibel und furchtsam. Sie neigen zu Hyperaktivität und können sehr verspielt sein. Schnell wird es ihnen dabei langweilig, sodass sie ihre Besitzer durch dauerndes Anstoßen und Maunzen nerven, um Aufmerksamkeit zu bekommen. Stehen sie nicht im Mittelpunkt, reagieren sie schnell eifersüchtig. Sie wollen zwar nicht gern festgehalten werden und auf dem Schoß sitzen, sind aber auch nicht gern allein, sodass sie in der Nähe ihrer Bezugsperson bleiben. Müssen sie allein bleiben, machen sie oft viel Unsinn und zerlegen Zeitschriften, Kartons oder Sofakissen oder kratzen an Polstermöbeln und Tapeten. Ihre Schreckhaftigkeit kann sich bis zur Panik mit kopflosem Davonlaufen steigern. Da sie schnell ermüden, fehlt ihnen eine gute Konzentrationsfähigkeit, sodass sie eher schwer zu erziehen sind. Dabei sind sie sehr intelligent, lernen sogar verschlossene Türen zu öffnen, um draußen herumzustromern. Am liebsten sind sie dauernd unterwegs.

Kopf-bis-Fuß-Schema
Augen und Ohren:
➤ Hornhautentzündungen mit Flecken auf der Hornhaut
➤ Linsentrübung (grauer Star) im Alter
➤ Ohren fühlen sich kalt an

➤ Nervöses Ohrenzucken

Haut und Haarkleid:

➤ Trockene Haut mit Abschuppung von weißlichen Plättchen

➤ Blassgrau, blutarm erscheinende Haut mit Neigung zu Bläschen, Pusteln oder Furunkeln

➤ Bläschen mit eiweißhaltiger Flüssigkeit; nach Platzen entstehen weiß-gelbliche Krusten

➤ Akne mit eitrigen Pusteln am Kinn

Kristallbild von Calcium phosphoricum – dem »Stärkungsmittel«, das als Aufbau-, Nerven- und Krampfmittel dient.

Knochen und Gelenke (Bewegungsapparat):

➤ Neigung zu unterschiedlichen Knochenerkrankungen

➤ Leicht brüchige Knochen, rachitische Beschwerden

➤ Neigung zu Knochenbrüchen

➤ Knochenwucherungen (Überbeine)

➤ Steifigkeit in der Wirbelsäule, Rückenbeschwerden

➤ Rheumatische Beschwerden nach Durchnässung

➤ Gelenk-, Gliederschmerzen

➤ Bänderschwäche, Neigung zu Bänderdehnungen

➤ Muskelkrämpfe, -schwäche oder -schwund

Herz, Blut- und Kreislauforgane:

➤ Niedriger Blutdruck mit Schwäche, Erschöpfung

➤ Herzjagen; starkes Herzklopfen mit Schwäche und Zittern der Beine

➤ Schwächezustand nach Krankheiten oder Operationen

Atmungsorgane:

➤ Neigung zu Kehlkopf- und Mandelentzündungen

➤ Fließschnupfen mit klarem Sekret, tropfende Nase

➤ Chronische Heiserkeit, Krächzen

➤ Neigung zu chronischer Bronchitis

Verdauungsorgane:

➤ Neigung zu lockeren und schadhaften Zähnen

➤ Verzögerter Zahnwechsel beim Kätzchen

➤ Durchfall beim Zahnwechsel
➤ Extrem wechselhafter Appetit mit Vorliebe für Räucherfisch, gewürzte oder geräucherte Fleisch- und Wurstwaren, die nicht vertragen werden
➤ Eingefallener Bauch
➤ Kolikartige Bauchschmerzen
➤ Durchfall stinkend grünlich mit unverdauten Futterbestandteilen
➤ Einrisse am After mit Juckreiz

Harn- und Geschlechtsorgane:
➤ Häufiger Harndrang
➤ Nieren- oder Blasenentzündung mit Ausscheidung von Eiweiß im Urin
➤ Neigung zu Harngrieß (FUS = Felines Urologisches Syndrom)

Nervensystem:
➤ Übergroße Erregbarkeit der Nerven
➤ Nervenschmerzen (Neuralgie) vor/bei Wetterwechsel
➤ Nervenschwäche mit Kribbeln an den Beinen und Zucken am Rücken
➤ Unruhiger Schlaf mit nächtlichem Erwachen

Besserung: Durch Bewegung, Wärme und Zusammenrollen beim Liegen; bei trockenem, warmem Wetter im Sommer bessern sich Beschwerden ebenfalls.

Verschlimmerung: Durch Witterungswechsel, Kälte, Feuchtigkeit und Zugluft; auch intensiv empfundene Negativ-Erlebnisse wie zum Beispiel Panik, Angst oder Kummer und körperliche Anstrengung verschlechtern den Zustand.

Ähnliche Salze
➤ Nr. 1 Calcium fluoratum – Knochenmittel
➤ Nr. 3 Ferrum phosphoricum – Akutmittel bei ersten Krankheitsanzeichen
➤ Nr. 5 Kalium phosphoricum – Muskel- und Nervenmittel
➤ Nr. 7 Magnesium phosphoricum – wirkt entkrampfend

Bewährte Kombinationen mit Calcium phosphoricum

➤ Nr. 1 Calcium fluoratum: bei Knochenproblemen

➤ Nr. 1 Calcium fluoratum, Nr. 7 Magnesium phosphoricum, Nr. 8 Natrium chloratum, Nr. 11 Silicea: bei Schwächezuständen, in der Rekonvaleszenz

➤ Nr. 5 Kalium phosphoricum: arbeiten zusammen beim Aufbau von Albumin, einem Eiweißstoff

➤ Nr. 7 Magnesium phosphoricum: bei Muskelkrämpfen, Rückenzucken; zum Einbau von Calcium phosphoricum ist Nr. 7 nötig, beide Mittel sollten im Abstand von 20 bis 60 Minuten eingenommen werden.

➤ Nr. 10 Natrium sulfuricum: bei stinkenden Durchfällen

➤ Nr. 11 Silicea: fördert die Aufnahme von Calcium phosphoricum aus dem Futter

Anwendungsempfehlungen

Calcium phosphoricum, das wichtigste Aufbaumittel der Biochemie, wirkt langsam und muss längere Zeit verabreicht werden, oft in Kombination mit anderen Salzen. Bei akuten Schwächezuständen kann eine kürzere, dafür häufigere Gabe ausreichend sein.

Geben Sie davon 3- bis 5-mal täglich 1 Gabe in der D6 – häufigere Gaben können starkes Herzklopfen und Unruhe verursachen. Zur Dosierung → Seite 124.

Bei Nervenproblemen mit erhöhter Reizbarkeit wird es in der D 12 ebenfalls 3- bis 5-mal täglich gegeben.

AUF EINEN BLICK

Calcium phosphoricum

Es ist das »Aufbau- und Kräftigungsmittel« der Biochemie und bildet vorwiegend die harte Knochenmasse. Darüber hinaus ist es in fast allen Körperzellen anzutreffen und hat vielfältige Aufgaben beim Aufbau körpereigenen Gewebes.

Bei allen Erkrankungen, die mit Schwäche einhergehen, bei allen Knochenerkrankungen, bei Erkrankungen von zarten, schwächlichen Jungtieren und bei Nerven- und Muskelproblemen sollte Calcium phosphoricum gegeben werden.

Nr. 3 – Ferrum phosphoricum

Chemie: $FePO_4$ x 4 H_2O – phosphorsaures Eisen, Eisenphosphat

Vorkommen im Organismus: Vorwiegend im Blut, in den roten Blutkörperchen (roter Blutfarbstoff Hämoglobin), aber auch in Muskelzellen, Gehirn, Leber, Drüsen, wie zum Beispiel Schild- und Bauchspeicheldrüse, sowie in Darmwand und Darmzotten.

Wirkung: Eisen ist ein essenzielles Spurenelement, das dem Körper zugeführt werden muss. Es reichert die roten Blutkörperchen (Erythrozyten) mit Sauerstoff an. In Form des phosphorsauren Eisens kann es zwar einen absoluten Eisenmangel nicht ausgleichen, aber dafür sorgen, dass das Eisen zur richtigen Zeit am richtigen Platz ist. Die Leistungsfähigkeit wird verbessert und die Muskulatur gestärkt.

Der Eisenanteil steigert die Leistung des körpereigenen Immunsystems, ist an der Sauerstoffaufnahme beteiligt und Bestandteil vieler wichtiger Eiweißverbindungen im Organismus. Der Phosphatanteil spielt eine wichtige Rolle bei der Energiegewinnung von Zellen und bei der Gehirn- und Nerventätigkeit.

Als das Akutmittel bzw. das Mittel für das erste Stadium einer Entzündung erhöht es bei beginnenden Infekten die Sauerstoffversorgung im betroffenen Organsystem oder Gewebe. Es muss bei den allerersten Zeichen eines Infekts eingenommen werden. Außerdem ist es noch ein wichtiges Fiebermittel, das bei erhöhten Temperaturen und mittlerem Fieber eingesetzt wird. Nr. 5 Kalium phosphoricum ist dagegen das Mittel für hohes Fieber.

Bei akuten Verletzungen, Quetschungen oder Zerrungen wirkt es schmerzlindernd. Es kann als Schmerzmittel sowohl äußerlich wie innerlich eingesetzt werden.

Bei Durchfall und Verstopfung reguliert es den Darm, es verbessert bei Verstopfung die Peristaltik (→ Seite 181), bei Durchfall die Saugfunktion der Darmzotten, damit diese die Flüssigkeit aus dem Darm aufnehmen können.

Mangel: Typische Anzeichen sind eine erhöhte Infektanfälligkeit, verminderte körperliche Leistungsfähigkeit und leichte Ermüdbarkeit mit Konzentrationsmangel. Die beim Menschen sichtbare schwärzlich bläuliche Verfärbung am inneren Augenwinkel ist so bei der Katze nicht erkennbar. Katzen wirken eher zart, schwächlich, abgemagert und erschöpft. Es kann zu folgenden Problemen kommen:

➤ Steckt sich dauernd mit banalen Infekten an wie zum Beispiel Erkältungskrankheiten
➤ Schnelle Erschöpfung, fehlende Ausdauer
➤ Verzögerte bis fehlende Wundheilung

Haupteinsatzgebiete beim Menschen: Als das »Entzündungsmittel« bzw. das Mittel fürs Immunsystem wird Ferrum phosphoricum bei akut beginnenden Krankheiten bereits bei den ersten Krankheitsanzeichen eingenommen, um ein Fortschreiten der Erkrankung zu verhindern. Bei folgenden Beschwerden hat es sich bewährt:

➤ Konzentrationsstörungen und Gedächtnisschwäche
➤ Allgemeine Erschöpfung
➤ Neigung zu Erkältungskrankheiten, Abwehrschwäche
➤ Akute Magen-, Darmschleimhautentzündungen mit Erbrechen und Durchfall
➤ Leichtere Verletzungen, leichte Verbrennungen wie Sonnenbrand

Feststellbare Mangelzeichen bei Katzen: Schwächliche, zarte, zierliche, hellhäutige und hellhaarige, leicht erregbare und schnell erschöpfte Katzen mit eher blassen Schleimhäuten, die sich jeden Infekt aufschnappen, können einen Mangel an Ferrum phosphoricum aufweisen. Solche Katzen haben oft zu wenige rote Blutkörperchen (Erythrozyten) im Blut. Die Muskulatur, vor allem an den Hinterbeinen, ist schwach und schlaff. Die Katzen frösteln schnell, suchen immer die Wärme und können bei Fieber Schüttelfrost mit Gliederzucken haben. In diesem ersten Stadium einer Entzündung kommt es zu geröteten Schleimhäuten, besonders gut sichtbar an den Bindehäuten der Augen. Hautentzündungen bei hellhäutigen Katzen, etwa nach Zeckenbissen, sind als stellenweise begrenzte Rötungen durch das eher dünne Fell sichtbar. Frische Wunden sind durch sehr helle, manchmal fast wässrige Blutungen gekennzeichnet, denn die Katzen können zusätzlich blutarm sein. Die Blutgerinnung ist jedoch in Ordnung, das Blut gerinnt schnell zu einer gallertigen Masse.

Charakter/Verhalten: Katzen, die Ferrum phosphoricum brauchen, sind leicht erregbar, eher nervös, unruhig, neigen im Spiel zu kurzen, heftigen Attacken auf Spielzeug oder Besitzer, ermüden aber sehr schnell wieder. Sie zeigen oft ausgeprägte Stimmungsschwankungen, von starker Aufgeregtheit bis zum Rückzug und zu gedrückter Stimmung. Eine typische Vertreterin ist die zierliche, elegante Siamkatze mit sehr hellem Fell, die als Kätzchen schon schwächlich war, die schnell friert und sich oft eine Erkältung holt. Lautstark fordert sie zum Spielen auf, macht aber nach einigen Minuten intensiven Spiels bereits einen erschöpften Eindruck. Regelmäßig rennt sie wie verrückt für zwei bis drei Minuten durch die ganze Wohnung, um sich dann erschöpft hinzulegen. Dabei ist sie sehr empfindlich an ihren Ballen, geht immer wieder einmal eine Zeit lang lahm und jammert, ohne dass man eine Verletzung finden kann. Sie ist sehr sensibel, eigenwillig, will sich nicht unterordnen. Wenn ihr etwas nicht passt, neigt sie zu Protestreaktionen. Wird sie nicht ausreichend beachtet, macht sie mit lautem, forderndem Miauen auf sich aufmerksam.

Kopf-bis-Fuß-Schema
Augen und Ohren:

➤ Akute Augenentzündungen mit stark geröteten Bindehäuten ohne Absonderungen

➤ Starke Lichtempfindlichkeit bis hin zur Lichtscheue

➤ Zuckende Augenlider

➤ Akut schmerzhafte, heiße Ohren mit geröteten Gehörgängen

Kristallbild von Ferrum phosphoricum – dem Salz des Immunsystems, das die Sauerstoffversorgung in Geweben sichert.

Haut und Haarkleid:

➤ Blass, fahl, Haut sehr berührungs- und schmerzempfindlich

➤ Haarwachstumsstörungen, dünnes, schütteres Haarkleid

➤ Schlecht heilende Wunden

➤ Hautentzündungen mit nässenden Ekzemen und Rötung

Knochen und Gelenke (Bewegungsapparat):

➤ Muskelschwäche, schnell erschöpft

➤ Rheumatische Gelenkbeschwerden, die sich durch langes Liegen verschlimmern

➤ Akute, wiederkehrende Lahmheiten

Herz, Blut- und Kreislauforgane:

➤ Blutungen hellrot, leicht gerinnend

➤ Blutarmut, eventuell durch zusätzlichen Eisenmangel

➤ Blutüberfüllung mit Erweiterung der Blutgefäße

➤ Starkes Herzklopfen auch nach geringer Anstrengung

Atmungsorgane:

➤ Heiserkeit, vor allem nach langem Miauen

➤ Halsentzündung mit stark gerötetem Rachen

➤ Akuter Husten mit kurzen, schmerzhaften Hustenstößen

➤ Trockener Reizhusten

➤ Atemnot mit Maulatmung bei Anstrengung

➤ Hartnäckige, trockene Bronchitis

➤ Lungenentzündung mit großer Schwäche, Erschöpfungszustände

Verdauungsorgane:

➤ Mundschleimhautentzündung mit Rötung und Schmerzhaftigkeit beim Schlucken

➤ Zahnfleischentzündungen mit Zahnfleischbluten

➤ Erbrechen direkt nach dem Fressen, manchmal mit hellroten Blutbeimengungen

➤ Darmentzündung infolge von Erkältungen

➤ Durchfälle, vor allem im Sommer

➤ Darmträgheit, Verstopfung abwechselnd mit Durchfall mit wässriger Entleerung unverdauter Nahrung

Harn- und Geschlechtsorgane:

➤ Akute Nieren- oder Blasenentzündung mit Besserung nach Harnabsatz

➤ Ständiger Harndrang oder Zurückhalten des Urins

➤ Akute Gesäugeentzündung bei der säugenden Kätzin

Nervensystem:

➤ Allgemeine Schwäche, Zittern

➤ Nächtliche Unruhe, Einschlafstörungen

➤ Nervenschmerzen (Neuralgien) bei/nach Erkältungen

➤ Schmerzen in Rücken, Beinen und Pfoten

➤ Haut, Haare und Zähne sind extrem schmerzempfindlich

Besserung: Durch Ruhe und in kühler Luft; bei entzündlichen Veränderungen lindern kalte Umschläge.

Verschlimmerung: Durch Wärme, Berührung oder Druck, gegen Morgen; Schmerzen bei Prellungen oder Quetschungen verschlimmern sich durch Bewegung.

Ähnliche Salze

➤ Nr. 2 Calcium phosphoricum – bei nervöser Überempfindlichkeit

➤ Nr. 4 Kalium chloratum – Schleimhautmittel mit weißlichen Absonderungen

➤ Nr. 5 Kalium phosphoricum – Antiseptikum, Fiebermittel

➤ Nr. 8 Natrium chloratum – Flüssigkeitshaushalt

Bewährte Kombinationen mit Ferrum phosphoricum
➤ Nr. 2 Calcium phosphoricum, Nr. 8 Natrium chloratum, Nr. 11 Silicea: bei frischen Verletzungen
➤ Nr. 2 Calcium phosphoricum, Nr. 17 Manganum sulfuricum: bei starker Anämie
➤ Nr. 5 Kalium phosphoricum: bei Hauterkrankungen mit Brennen der Haut und starker Rötung
➤ Nr. 7 Magnesium phosphoricum: zum Muskelaufbau
➤ Nr. 8 Natrium chloratum: bei Verbrennungen innerlich und äußerlich

Anwendungsempfehlungen
Ferrum phosphoricum ist das wichtigste Akutmittel der Biochemie. Es wird bei allen Infektionskrankheiten in dem Stadium eingesetzt, in dem noch keine typischen Symptome vorhanden sind, sondern die Katzen eher mehr schlafen als sonst, die Nase etwas tropft, sie nichts fressen wollen und eventuell leicht erhöhte Temperatur haben. Zu Beginn können Sie alle 5 bis 10 Minuten 1/2 bis 1 Tablette in der D12 geben bis zum Abklingen von Fieber, Schmerzen oder Entzündungen. Meist tritt nach 4 bis 6 Stunden bereits eine offensichtliche Besserung ein.
Bei Eisenmangel oder Anämien können Sie Ferrum phosphoricum zusammen mit einem Eisenpräparat geben. Zur Dosierung → Seite 124.

AUF EINEN BLICK

Ferrum phosphoricum
Es ist das »Akut- und Entzündungsmittel« der Biochemie. Eisen reichert das Blut mit Sauerstoff an, um Sauerstoffmangelzustände im Gewebe zu beseitigen.
Bei allen plötzlich und heftig auftretenden Beschwerden, bei allen entzündlichen und fieberhaften Prozessen im Anfangsstadium, wie zum Beispiel Erkältungskrankheiten, Schmerzen, Wunden, Erschöpfungszustände mit leichtem bis mittlerem Fieber, sollte Ferrum phosphoricum gegeben werden.

Nr. 4 – Kalium chloratum

Chemie: KCl – Chlorkalium, salzsaures Kali, Kalium muriaticum, Kaliumchlorid

Vorkommen im Organismus: Vorwiegend in den roten Blutkörperchen, ist aber ebenso in fast allen Körperzellen, wie zum Beispiel Gehirn-, Nerven-, Muskel- oder Bindegewebszellen, zu finden.

Wirkung: Salzsaures Kali ist als ein in Wasser leicht lösliches Salz ein Mittel für den Auf- und Umbau von Faserstoff (Fibrin). Im Blut bildet es das Fibrinogen, den Blutfaserstoff, der für die Blutgerinnung wichtig ist. Zudem beeinflusst es die Fließeigenschaften des Blutes. Es ist das Mittel für das zweite Stadium einer Entzündung, das meist drei bis vier Tage nach Beginn einer Erkrankung eintritt und durch sich schwer lösende, weiße bis weißgraue, schleimige, fibrinöse Absonderungen und durch entzündliche Schwellungen etwa von Schleimhäuten gekennzeichnet ist. Als Salz für die Schleimhäute löst es dort die im zweiten Stadium der Entzündung auftretenden weißlichen Ablagerungen wieder auf. Es reguliert die Ausscheidung von Wasser, sorgt für das Funktionieren von Muskeln und Nerven, fördert den Ab- und Umbau von Eiweißen und Kohlenhydraten und ist damit stoffwechselaktivierend. Es reguliert außerdem den Herzrhythmus. Weiterhin hat Kalium chloratum eine entgiftende Wirkung, indem es Giftstoffe im Organismus bindet. Für die Ausscheidung sorgt dann Nr. 10 Natrium sulfuricum. Ebenso unterstützt Nr. 4 das Immunsystem bei seinen Abwehrfunktionen.

Mangel: Kommt es zu einem Mangel, werden die Schleimhäute und alle serösen (→ Seite 183) Häute im Körper, wie Brustfell, Bauchfell oder Herzbeutel, angegriffen. Dort entstehen fibrinöse Absonderungen, das heißt, der ausgetretene Faserstoff zeigt sich dann als milchig-weißer Belag. Das Blut wird zähflüssig und erscheint fast schwärzlich. Folgende Erscheinungen können bei Mangel an Kalium chloratum auftreten:

➤ Kleine, weißliche Hauterhöhungen mit hartem Kern, die sich nicht ausdrücken lassen (Hautgrieß)

➤ Weißliche, feste Zungenbeläge

➤ Weißliche Beläge im Mund- und Rachenraum

➤ Zäher weißlicher Ausfluss aus Körperöffnungen

Haupteinsatzgebiete beim Menschen: Als das Schleimhautmittel und Mittel für das zweite Stadium einer Entzündung wird Kalium chloratum bei Erkrankungen mit weißlich-fibrinösen Absonderungen eingesetzt. Bei folgenden Beschwerden hat es sich bewährt:

➤ Erkältungskrankheiten mit Hals- und Rachenentzündungen sowie zähem weißlichem Auswurf und fadenziehendem Speichel

➤ Hautausschläge mit weißlichen, mehlartigen, festen Auflagerungen

➤ Mundschleimhautgeschwüre (Aphthen)

➤ Weiche Lymphknotenschwellungen nach Infekten

➤ Verstopfte Nase mit eingedicktem, weißlichem Sekret und Neigung zur Bildung von Polypen

➤ Bronchitis mit weißlichem Auswurf

➤ Entzündung von Magen-, Darmschleimhaut, Bindehaut, Schleimbeuteln, Gelenken, die mit fibrinösen Ausschwitzungen einhergehen

➤ Sehnenscheidenentzündungen

➤ Chronische Blasenentzündungen

INFO

Schüßler Original
»Das Chlorkalium ... steht zum Faserstoff in Beziehung. Es löst weiße oder weißgraue Sekrete der Schleimhäute und plastische Exsudate. Darum ist es das Heilmittel von Katarrhen ... Es entspricht auch dem zweiten Stadium der Entzündungen ... Wenn Epidermiszellen ... Chlorkalium-Moleküle verlieren, so tritt Faserstoff als weiße oder weißgraue Masse an die Oberfläche ...«

Feststellbare Mangelzeichen bei Katzen: Zu Übergewicht neigende, immer hungrige Katzen mit hellem Fell, bleicher Haut, die zu verschiedensten Katarrhen mit weißlich gräulichem Auswurf neigen, können einen Mangel an Kalium chloratum haben. An der Haut sind trockene, kleieartige Ausschläge oder Bläschen mit weißlichem Inhalt möglich. Oft findet man weich-elastische, nicht schmerzhafte Lymphknotenschwellungen. Ebenso können hartnäckige Entzündungen der oberen und tieferen Luftwege (Rhinitiden, Bronchitiden) mit lauten Rasselgeräuschen auftreten. Bei chronischem Schnupfen wird weißlich-zäher Schleim ausgeniest. Die Zunge hat einen weißlichen Belag. Der Bauch ist berührungsempfindlich und erscheint aufgedunsen. Bei Magenbeschwerden wird ein dicker, zäher, fadenziehender, klebriger, weißer Schleim erbrochen. Bei Durchfällen sieht der Kot oft aus wie in eine weiße Wurstpelle gepackt, da sich die ganze Darmschleimhaut mit ablöst.

Charakter/Verhalten: Katzen, die Kalium chloratum brauchen, sind meist eher zu dick, gern träge, aber immer hungrig und verfressen. Sie schlafen viel und wirken stupide. Sie sind nervös und misstrauisch, sehr reizbar, sodass sie wegen Kleinigkeiten plötzlich aggressiv reagieren. Genauso schnell, wie sie ausrasten, haben sie sich aber wieder beruhigt und versinken in die ihnen eigene Trägheit und Passivität. Ein typischer Vertreter ist der große, schwere Kater mit schon länger bestehendem röchelndem Atemgeräusch – bedingt durch einen chronischen Schnupfen –, der oft niest und dabei weißlichen zähen Schleim in seiner Umgebung verteilt. Er schläft am liebsten den ganzen Tag und ist auch nachts nicht sonderlich aktiv. Wenn es draußen kalt ist, schnieft er noch stärker als sonst. Gibt es Futter, entwickelt er eine ungeahnte Geschwindigkeit, um zum Napf zu kommen und diesen zu leeren. Auf fette oder gewürzte Wurst, die er vom Tisch geklaut hat, erbricht er tags darauf dicken weißen Schleim und lässt stinkende Winde. Wenn ihm etwas nicht passt, kann er aggressiv werden, faucht seine Besitzer an, sodass sie ihn schnell in Ruhe lassen.

Kopf-bis-Fuß-Schema
Augen und Ohren:
➤ Entzündung von Binde- und Hornhaut mit weißlichen Absonderungen ohne Rötung und Schmerzen
➤ Verklebte Augenlider
➤ Ohrenentzündung mit dicken, weißlich schleimigen Absonderungen
➤ Schwerhörigkeit oder Taubheit bei/nach chronischen Ohrenentzündungen

Haut und Haarkleid, Schleimhäute:
➤ Weißlich grauer, mehlartiger Belag auf der Haut
➤ Schuppige, unreine Haut

Kristallbild von Kalium chloratum – dem Mittel für die Schleimhäute. Es löst faserhaltige Absonderungen im Körper auf.

mit Mitessern und Verschorfungen
➤ Neigung zu Hautpilzbefall
➤ Bläschen mit flüssigem Inhalt und fibrinösen (→ Seite 177) Einlagerungen, die nach dem Platzen einen mehlartigen Belag auf der Haut bilden
➤ Chronisch wiederkehrende Ekzeme, Neigung zu Fisteln
➤ Ausschläge nach Impfungen
➤ Dicke, weiße oder weißgraue, faserstoffhaltige Beläge auf den Schleimhäuten

Knochen und Gelenke (Bewegungsapparat):
➤ Rheumatische Schmerzen in Muskeln und Gelenken
➤ Schleimbeutel- und Sehnenscheidenentzündungen
➤ Ödeme an den Gliedmaßen

Herz, Blut- und Kreislauforgane, Abwehrsystem:
➤ Blutverdickung, veränderte Fließeigenschaften
➤ Neigung zu Thrombosen
➤ Weiche, nicht schmerzhafte Lymphknotenschwellungen vor allem im Halsbereich

Atmungsorgane:
➤ Neigung zu Erkältungen mit Katarrhen
➤ Chronischer Katzenschnupfen

➤ Schleimhautschwellungen mit dicken, zähen, undurchsichtigen, weißen bis weißgrauen Absonderungen
➤ Festsitzender Schleim in Nase, Hals oder Rachen
➤ Husten mit röchelndem Rasseln und festsitzendem zähem, weißgrauem, schwer löslichem Schleim
➤ Bronchialkatarrh mit festsitzendem, zähem Schleim
➤ Lungen- und Brustfellentzündung

Verdauungsorgane:
➤ Entzündungen im Mundbereich mit dicken weißlichen oder grauen Belägen auch auf der Zunge
➤ Magenkatarrh mit Erbrechen von zähem, weißem, fadenziehendem Schleim, oft morgens
➤ Lehmfarbene, schleimige Durchfälle mit Stuhldrang
➤ Tastbare Lebervergrößerung

Harn- und Geschlechtsorgane:
➤ Chronische Nieren-, Blasenentzündungen mit vermehrter Urinmenge und weißlichen Schleimfetzen
➤ Chronische Gesäugeentzündungen mit weichen Schwellungen

Nervensystem:
➤ Nervenschmerzen, die nur bei Bewegung auftreten oder sich durch Bewegung verschlimmern

Besserung: Durch Wärme und durch das Massieren schmerzhafter Bereiche.

Verschlimmerung: Durch Kälte, Zugluft, längere Bewegung; Magenprobleme durch sehr fette, stark gewürzte Nahrung oder kalte Getränke.

Ähnliche Salze
➤ Nr. 6 Kalium sulfuricum – gelb-schleimige Absonderungen
➤ Nr. 8 Natrium chloratum – wässrige Absonderungen
➤ Nr. 9 Natrium phosphoricum – Übersäuerung
➤ Nr. 10 Natrium sulfuricum – Ausscheidung von Stoffwechselschlacken

Bewährte Kombinationen mit Kalium chloratum
➤ Nr. 1 Calcium fluoratum, Nr. 2 Calcium phosphori-

cum, Nr. 6 Kalium sulfuricum, Nr. 11 Silicea: zur Resorption von verschiedensten Exsudaten (→ Seite 182 und 176)

➤ Nr. 3 Ferrum phosphoricum: bei entzündlichen Schwellungen von Lymphknoten und Unterhaut

➤ Nr. 7 Magnesium phosphoricum, Nr. 9 Natrium phosphoricum: zur Anregung der Lymphknotenfunktion

➤ Nr. 8 Natrium chloratum, Nr. 10 Natrium sulfuricum: zur Blutreinigung und Entschlackung

➤ Nr. 11 Silicea: bei Fisteln, schlecht heilenden Wunden

Anwendungsempfehlungen

Im zweiten Entzündungsstadium hilft stündlich 1 Gabe in der D6 – auch während schlafloser Nachtstunden. Parallel dazu kann das Mittel für das erste Entzündungsstadium eingesetzt werden: Nr. 3 Ferrum phosphoricum, 2- bis 4-mal täglich 1 Gabe in der D12. Sie können auch 5 Tabletten in heißem Wasser lösen und diese Lösung dann noch warm schluckweise eingeben. Bei chronischen Problemen können Sie bis zu 4 Gaben der D6 täglich über längere Zeit, oft über mehrere Monate, verabreichen. Dabei wird Kalium chloratum noch eine Zeit lang mit Nr. 3 Ferrum phosphoricum ergänzt, eventuell noch mit Nr. 6 Kalium sulfuricum, um die Sauerstoffversorgung sicherzustellen (→ Dosierung Seite 124).

AUF EINEN BLICK

Kalium chloratum

Es ist das »Schleimhautmittel« der Biochemie für das zweite Entzündungsstadium. Alle Ausscheidungen an Haut und Schleimhäuten sind weiß bis grau, faserstoffhaltig, zähflüssig, gallertig, festsitzend und klebrig.
Bei allen katarrhalischen Erkrankungen im Bereich der Atemwege, des Verdauungstrakts und des Nieren-Blasen-Systems mit weißlichen Ausscheidungen sollte Kalium chloratum gegeben werden.

Nr. 5 – Kalium phosphoricum

Chemie: KH_2PO_4 – phosphorsaures Kalium, Kaliumphosphat, Kaliumhydrogenphosphat

Vorkommen im Organismus: Vorwiegend in Gehirn-, Nerven-, Muskel- und Blutzellen, aber auch im Blutplasma, in den Flüssigkeiten zwischen den Zellen (Interzellularflüssigkeit, → Seite 178), in den Mitochondrien (»Kraftwerke« der Zellen).

Wirkung: Das Salz ist wichtig, um die Arbeitsfähigkeit der Gehirnzellen zu erhalten. In Verbindung mit Fettsäuren und Eiweißen bildet es Lezithine, die vermehrt in der grauen und weißen Hirnsubstanz vorkommen und auch für den Aufbau der roten Blutkörperchen notwendig sind. Es aktiviert das vegetative und das autonome Nervensystem und stabilisiert Nerven und Muskeln.
Bei Schwächezuständen und Erschöpfung liefert es Bausteine, die die Energieproduktion in den Mitochondrien ankurbeln, um die Zellen zu aktivieren und um wieder zu Kräften zu kommen.
Es hilft, den Muskelstoffwechsel zu regulieren und Muskelschwund und -schwäche vorzubeugen, indem es das Myoglobin (Eiweißstoff für die Muskelkontraktion) in der Sauerstoffaufnahme unterstützt. Insbesondere der Herzmuskel benötigt sehr viel Kalium phosphoricum. Da es für den Körper giftige Stoffe binden, Fäulnis- und Ermüdungsgifte abbauen kann, wirkt es antiseptisch, gärungs- und fäulniswidrig. Es wird auch als das »Antibiotikum der Biochemie« bezeichnet.
Als Fiebermittel bei mittlerem bis hohem Fieber führt es dem Organismus Energie zu, damit dieser mit den eingedrungenen Krankheitserregern fertig werden kann. Es wirkt dem Zerfall körpereigener Zellen entgegen.

Mangel: Alle Arten von Schwächezuständen, insbesondere Muskel- und Nervenschwäche bis hin zu Lähmungen, die mit übel riechenden Körperausscheidungen und -ausdünstungen einhergehen, sind Zeichen für einen Mangel an Kalium phosphoricum. Ebenso findet man Fäulnisprozesse zum Beispiel bei bakteriellen Infektionen in der Mundhöhle mit starkem Mundgeruch, bei einer gestörten Darmflora und schweren Magen-Darm-Infektionen mit übel riechenden Durchfällen, die mit hohem Fieber einhergehen können. Schnell kann sich aus solchen Zuständen heraus eine Blutvergiftung (Sepsis) entwickeln, die lebensbedrohlich werden kann. Es kann aber auch nur eine allgemeine Nervenschwäche auftreten mit Erschöpfung und Nervosität oder Hyperaktivität und/oder Schreckhaftigkeit, nervöser Schlaflosigkeit oder Ängstlichkeit. Ebenso kann es zu Schmerzen mit Lähmungsgefühlen kommen, zu Steifigkeit und krampfähnlichen Zuständen. Auch Konzentrationsprobleme und Lernschwierigkeiten können auftreten.

Haupteinsatzgebiete beim Menschen: Als das erste »Nerven- und Muskelmittel« (das zweite ist Magnesium phosphoricum) ist Kalium phosphoricum eines der wichtigsten biochemischen Mittel, das bei allen Erschöpfungs- und Schwächezuständen eingesetzt werden kann. Bei folgenden Beschwerden hat es sich bewährt:

➤ Körperliche, geistige und seelische Erschöpfung
➤ Nervöse Schlaflosigkeit und Niedergeschlagenheit
➤ Hyperaktivität von Kindern
➤ Depressive Verstimmung
➤ Herz- und Muskelschwächen
➤ Nervenschmerzen und -reizungen

INFO

Schüßler Original
»Phosphorsaures Kali ist in den Gehirn-, Nerven-, Muskel- und Blutzellen (Blutkörperchen) sowie im Blutplasma ... enthalten ... Das phosphorsaure Kali heilt Depressionszustände des Gemüts und des Körpers: ... hysterische Verstimmungen, Neurasthenie, nervöse Schlaflosigkeit ...; ferner Lähmungen, faulige Zustände, septische Blutungen, Mundfäule, Skorbut ...«

Feststellbare Mangelzeichen bei Katzen: Es sind eher schlanke, abgemagert, erschöpft und apathisch erscheinende Katzen mit schweren, fieberhaften Infektionskrankheiten und faulig stinkenden Absonderungen, die einen Mangel an Kalium phosphoricum haben. Sie ziehen sich am liebsten auf ihren Platz zurück, sind völlig erschöpft und teilnahmslos, finden aber nicht in einen ruhigen, erholsamen Schlaf. Durch den Zerfall und die Zersetzungsprozesse im Körper können die Katzen einen unangenehm fauligen Geruch ausströmen. Ihr Blut kann hellrot oder schwärzlich rot sein, dabei dünn und wässrig. Sie können zu Nasenbluten neigen. Durch die Muskelschwäche kann es zu Lähmungen der Hinterbeine kommen, bei Anstrengung können Muskelkrämpfe auftreten. Alte Katzen haben nach Schlaganfällen regelmäßig Lähmungen und Koordinationsprobleme.

Charakter/Verhalten: Katzen, die Kalium phosphoricum brauchen, sind entweder völlig erschöpft und teilnahmslos oder aber hyperaktiv, nervös, überreizt und ängstlich. Sie haben kaum Selbstvertrauen, bei Kätzchen kann es zu körperlichen oder auch geistigen Entwicklungsstörungen kommen. Da sie sehr kälteempfindlich sind, suchen sie sich extrem warme Liegeplätze an Heizung oder Ofen. Ein typischer Vertreter ist die Mutterkatze, die während der Säugezeit eine schwere Gesäugeentzündung durchgemacht hat, jetzt sehr wählerisch frisst und auch nicht das, was ihr guttun würde, sondern Süßes oder Saures bevorzugt. Sie nimmt kaum an Gewicht zu und sieht krank aus. Sie zieht sich von anderen Katzen zurück, sitzt am liebsten erhöht, will nicht spielen, alles erscheint ihr zu anstrengend. Sie ist gleichzeitig sehr empfindsam und reizbar, kommt auf Zuruf nur zaghaft, jammert viel wegen Kleinigkeiten.

Kopf-bis-Fuß-Schema
Augen und Ohren:
➤ Ohrenentzündung mit stinkendem, schmutzig-bräunlichem, dünnflüssigem Ausfluss
➤ Herabhängende Lider, eventuell Sehschwäche

➤ Vorfall des dritten Augenlides

➤ Druckempfindliche Augäpfel

Haut und Haarkleid:

➤ Neigung zu eitrigen Krallenbettentzündungen

➤ Stellenweise Haarausfall

➤ Verletzungen neigen zu jauchig-eitriger Entzündung

➤ Haut von gräulicher, schmutziger Farbe, blass

➤ Schläfen eingefallen

Kristallbild von Kalium phosphoricum – dem wichtigsten Nerven- und Muskelmittel bei allen Schwächezuständen.

Knochen und Gelenke (Bewegungsapparat):

➤ Muskelschwäche, -lähmung, -schwund, -krämpfe nach Überanstrengung

➤ Schleichende Lähmungen mit Muskelatrophie

➤ Fortschreitender Muskelschwund

➤ Unwillkürliches Muskelzucken und -zittern

➤ Sehnenscheidenentzündungen nach Überlastung

Herz, Blut- und Kreislauforgane:

➤ Niedriger Blutdruck, Kollapsneigung

➤ Herzschwäche mit Mangeldurchblutung der Gliedmaßen und unternormaler Körpertemperatur

➤ Erhöhte Blutungsneigung oder verstärkte Blutgerinnung

➤ Fiebrige Allgemeininfektionen mit Kräfteverfall

Atmungsorgane:

➤ Neigung zu Nasenbluten

➤ Gehäuft Heiserkeit, vor allem nach langem Miauen

➤ Kehlkopfentzündungen mit Heiserkeit und unangenehmem Geruch aus dem Hals

➤ Lungenentzündung mit sehr hohem Fieber und Kurzatmigkeit

➤ Wasseransammlung in der Lunge (Lungenödem) mit schaumig-blutig-serösem (→ Seite 183) Auswurf

Verdauungsorgane:

➤ Zahnfleischschwund (Parodontose) mit lockeren

73

Zähnen, entzündetem, geschwollenem, gerötetem, leicht blutendem Zahnfleisch und fauligem Mundgeruch
➤ Magenschleimhautentzündung und Magengeschwüre
➤ Erbrechen bei/nach Aufregung oder Stress
➤ Wässrige, aashaft stinkende Durchfälle, die erschöpfen
➤ Durchfälle nach zu kalter Nahrung

Harn- und Geschlechtsorgane:
➤ Aashaft stinkender und dunkler Urin mit Eiweißausscheidung
➤ Nieren- oder Blasenentzündungen im Rahmen schwerer Allgemeininfektionen
➤ Harnverhaltung oder Harndrang

Nervensystem:
➤ Allgemeine Nervenschwäche, Überreizung
➤ Nächtliche Unruhe, nächtliches Aufschrecken
➤ Lähmungserscheinungen mit Empfindungslosigkeit
➤ Lähmungen nach Schlaganfall, Halbseitenlähmung
➤ Nachlassende Gehirnfunktionen, Demenz
➤ Krämpfe, Epilepsie
➤ Nervenschmerzen (Neuralgien), vor allem am Rücken
➤ Depressive Verstimmung, schnelles Ermüden

Besserung: Durch Wärme und Ruhe, aber auch nach dem Essen und bei mäßiger Bewegung.

Verschlimmerung: Durch Aufregung, Stress, laute Geräusche, nachts oder morgens, ebenso durch körperliche Anstrengung, Trinken von kalter Milch oder Fressen.

Ähnliche Salze
➤ Nr. 7 Magnesium phosphoricum – Muskelkrämpfe
➤ Nr. 9 Natrium phosphoricum – stinkende Ausscheidungen
➤ Nr. 10 Natrium sulfuricum – Entgiftung, stinkende Ausscheidungen
➤ Nr. 11 Silicea – eiternde, schlecht heilende Wunden

Bewährte Kombinationen mit Kalium phosphoricum
➤ Nr. 3 Ferrum phosphoricum: bei akuten, stürmisch verlaufenden Infektionskrankheiten

➤ Nr. 3 Ferrum phosphoricum, Nr. 4 Kalium chloratum, Nr. 6 Kalium sulfuricum, Nr. 8 Natrium chloratum: zur Rekonvaleszenz nach schweren Erkrankungen
➤ Nr. 6 Kalium sulfuricum, Nr. 8 Natrium chloratum: bei beginnenden Gehirnfunktionsstörungen (Demenz)
➤ Nr. 7 Magnesium phosphoricum: bei Herzschwäche und nervösen Herzbeschwerden
➤ Nr. 11 Silicea: bei jauchig-eitrigen, stinkenden, schlecht heilenden Verletzungen

Anwendungsempfehlungen

Kalium phosphoricum können Sie bei allen Formen von Erschöpfung verabreichen. Je akuter das Problem aufgetreten ist, desto häufiger wird das Mittel gegeben, anfangs durchaus im Viertelstundenabstand in der D6. Nach 2 bis 4 Stunden sollte eine Besserung feststellbar sein. Danach geben Sie das Mittel alle 1 bis 4 Stunden (je 1 Gabe). Auch wenn die akuten Beschwerden schnell abgeklungen sind, sollten Sie das Salz noch für 2 bis 3 Wochen geben. Bestehen die Probleme schon länger oder ist Ihre Katze insgesamt sehr nervös und schnell erschöpft, sollten Sie Kalium phosphoricum regelmäßig 2- bis 6-mal täglich in der D6 über mindestens 4 bis 6 Monate verabreichen. Da Kalium phosphoricum stark aktiviert, sollten Sie es um Ihrer Nachtruhe willen nicht mehr spätabends geben (→ Dosierung Seite 124).

AUF EINEN BLICK

Kalium phosphoricum

Es ist das erste und wichtigste »Nerven- und Muskelmittel« der Biochemie, hat darüber hinaus aber noch antiseptische und fäulnishemmende Eigenschaften, was ihm die Bezeichnung als »Antibiotikum der Biochemie« eingebracht hat. Bei allen Erkrankungen, die mit großer Erschöpfung und Schwäche einhergehen und bei denen die Körperausscheidungen aashaft-faulig stinken, sollte Kalium phosphoricum gegeben werden.

Nr. 6 – Kalium sulfuricum

Chemie: K_2SO_4 – schwefelsaures Kalium, Kaliumsulfat

Vorkommen im Organismus: Vorwiegend in der Oberhaut, in Epithelzellen (→ Seite 176) von Haut und Schleimhäuten, Nägeln, Knochen und Muskulatur; in allen Zellen, die Eisen enthalten.

Wirkung: Schwefelsaures Kalium hat die Aufgabe, den Sauerstoff in die Zellen zu transportieren. Es beseitigt in Geweben eine Unterversorgung mit Sauerstoff, sodass neue Zellen – vor allem in Haut und Schleimhäuten – gebildet werden können.

Als wichtigstes Leberzellenmittel der Biochemie steigert es deren Leistungsfähigkeit. In den Leberzellen findet eine Vielzahl von Entgiftungsprozessen statt, für die Sauerstoff gebraucht wird. Deshalb haben Leberzellen einen enormen Sauerstoffbedarf, der durch ausreichend Kalium sulfuricum vermittelt wird. Gleichzeitig wirkt es auch stark stoffwechselanregend.

Als spezifisches Mittel für alle Haut- und Schleimhauterkrankungen kann es überall dort eingesetzt werden, wo in diesem Bereich Gewebedefekte vorliegen. Auch in anderen Geweben regt es die Zellneubildung an, so nach Gelenkverletzungen die Knorpelbildung.

Als Salz des dritten Entzündungsstadiums, des Stadiums der abschließenden Heilung, das gekennzeichnet ist durch den Abgang von gelblichem Schleim, leistet es an entzündeten Körperstellen Reparaturarbeiten. Es finden massive Abstoßungsreaktionen statt, für die der Abgang von viel gelblichem bis ockerfarbenem Schleim oder trockene Hautabschuppungen typisch sind. Denn der Körper muss die abgestorbenen Zellen, Zellbestandteile und abgetöteten Bakterien auch beseitigen.

Weiterhin spielt Kalium sulfuricum eine wichtige Rolle bei der Verarbeitung von Eiweißen im Stoffwechsel. Sein Schwefelanteil hilft, Cystein, einen Eiweißbaustein, zu bilden, der in Haaren, Nägeln, im Knorpel und in der Haut benötigt wird.

Mangel: Ein Mangel an Kalium sulfuricum äußert sich durch gelbliche Absonderungen – sei es in Form von Nasenausfluss, gelbbräunlichem Schleim in allen Ausscheidungen oder von bräunlich gelbem Zungenbelag. Die fehlende Sauerstoffversorgung in Geweben verstärkt das Bedürfnis nach frischer Luft. Die Katzen wollen nicht in geschlossenen Räumen bleiben, sondern drängen vehement nach draußen, vor allem gegen Abend. Weiterhin wirken sie schlapp und träge, neigen zu tränenden, entzündeten Augen und Hautabschuppungen, manchmal sogar mit starkem Juckreiz.

Die Haut kann einen gelblich bräunlichen bis ockerfarbenen Ton bekommen, im Lauf der Zeit tauchen immer mehr bräunliche Flecken auf, vor allem am Rücken und an den Flanken.

Haupteinsatzgebiete beim Menschen: Als das »Hautmittel« der Biochemie wird Kalium sulfuricum bei allen Hauterkrankungen eingesetzt. Wegen seiner stark stoffwechselanregenden Funktion kommt es auch bei Lebererkrankungen und Belastungen der Leber durch Giftstoffe zum Einsatz. Bei folgenden Beschwerden hat es sich besonders bewährt:

➤ Alle Schleimhautentzündungen mit gelblich bräunlichen Absonderungen, etwa im Rachen oder an der Bindehaut
➤ Chronischer Schnupfen
➤ Störungen im Haar- und Nagelwachstum
➤ Schuppenflechte, Neurodermitis
➤ Wandernde rheumatische Schmerzen

INFO

Schüßler Original
»Bei einem Manko an schwefelsaurem Kali können, je nach Örtlichkeit und Größe des Defizits folgende Symptome entstehen: Gefühl der Schwere ... Schwindel ... Ängstlichkeit, Traurigkeit, Zahn-, Kopf- und Gliederschmerzen ... Das schwefelsaure Kali vermittelt den Zutritt von Sauerstoff und dieser beschleunigt die Bildung neuer Epidermis- und Epithelzellen ...«

Feststellbare Mangelzeichen bei Katzen: Neigen Katzen zu schmierig-klebrigen Haut- oder Haarbalgentzündungen, zu schlecht heilenden Abszessen nach Verletzungen, chronischem Schnupfen, Bindehautentzündungen mit verklebten Lidrändern, bereits länger bestehenden Ohrenentzündungen oder Husten mit reichlich gelblichem Auswurf, dann sollte man an einen Mangel an Kalium sulfuricum denken. Es können aber auch trockene Abschuppungen mit Juckreiz vorhanden sein. Neigen die Katzen dann noch zu Übergewicht, sind verfressen und eher faul, wollen immer nach draußen, zeigen einen für Katzen untypisch starken Körpergeruch oder haben eine lange, schwere, fieberhafte Erkrankung hinter sich mit eher unspezifischen Symptomen und wirken noch nicht ganz gesund, dann sollte dieses Mittel gegeben werden. Waren Freigängerkatzen lange draußen unterwegs, wollen sie sich am nächsten Tag kaum bewegen – es scheinen ihnen alle Glieder wehzutun. Auch hat man den Eindruck, als ob der Stoffwechsel dieser Tiere verlangsamt ist. Es kann wiederkehrend Brechdurchfall auftreten. Eine Neigung zu Allergien mit Hautsymptomen ist vorhanden. Oft haben die Schleimhäute einen leichten Gelbstich.

Charakter/Verhalten: Katzen, die Kalium sulfuricum brauchen, sind oft übergewichtig, immer hungrig, schnell gereizt und haben wenig Selbstvertrauen. Sie können auch schreckhaft sein und aus Angst fauchen und angreifen, wenn sie sich in die Enge getrieben fühlen. Ihre Angst schlägt in für sie bedrohlichen Situationen schnell in Aggressivität um. Sie können chronisch krank sein, ohne dass man nach außen Krankheitssymptome feststellen kann, und wirken traurig und mutlos. In geschlossenen, warmen Räumen fühlen sie sich sehr unwohl, kratzen dauernd an der Tür und wollen am liebsten irgendwo draußen an der frischen Luft sein. Zudem sind sie eigensinnig, unruhig, leicht reizbar und reagieren ärgerlich, wenn man sie nicht in Ruhe lässt. Dabei sind sie aber durchaus wachsam und gehen jedem ungewohnten Geräusch nach.

Kopf-bis-Fuß-Schema
Augen und Ohren:
➤ Bindehautentzündungen, Entzündungen der Lidränder mit Verklebung der Lider und reichlich gelb-ockerfarbenen, schleimigen Absonderungen
➤ Leicht gelbliche Verfärbung der Bindehäute
➤ Vermehrte Ohrenschmalzproduktion, gelb bis ockerfarben
➤ Schmerzhafte Ohrenentzündungen mit gelblichem, stinkendem Ohrenausfluss
➤ Neigung zu Taubheit oder Schwerhörigkeit durch chronische Ohrenentzündungen

Kristallbild von Kalium sulfuricum – dem Haut- und Lebermittel, das die Leistungsfähigkeit der Leber steigert.

Haut und Haarkleid:
➤ Trockene Schuppen nach Infektionskrankheiten
➤ Klebrige Schuppen mit gelblichen Absonderungen
➤ Juckende Ekzeme mit gelb-grünlichen, schmierigen Absonderungen
➤ Akne am Kinn
➤ Neigung zu Hautparasitenbefall
➤ Starker, büschelweiser Haarausfall
➤ Schlecht heilende Abszesse, Hauteiterungen

Knochen und Gelenke (Bewegungsapparat):
➤ wandernde rheumatische Beschwerden, die sich durch Wärme bessern
➤ Eitrige Gelenkentzündungen nach Verletzungen
➤ Neigung zu Muskelkater bereits nach wenig Anstrengung

Herz, Blut- und Kreislauforgane:
➤ Stauungen im venösen Kreislauf, etwa Pfortader
➤ Schleimhäute mit bläulicher Verfärbung
➤ Maulatmung nach Anstrengung

Atmungsorgane:
➤ Chronische Stirn- und Kieferhöhlenvereiterung

➤ Chronische Hals-, Rachen-, Kehlkopf- und Mandelentzündungen

➤ Länger bestehender Schnupfen mit gelblichen, stinkenden Absonderungen

➤ Chronische Bronchitis mit Rasselgeräuschen und schwer löslichem, gelb-schleimigem Auswurf

➤ Husten, der nachts und im Warmen schlimmer ist

Verdauungsorgane:

➤ Gelb-ockerfarben schleimig belegte Zunge

➤ Aufgetriebener Bauch nach dem Fressen

➤ Erbrechen von gelblichem Schleim

➤ Träger Stuhlgang bis hin zur Verstopfung

➤ Durchfälle mit heftigem Drang auf den Kot, mit Kolikerscheinungen, gelb-schleimigen, stinkenden Beimengungen zum Kot

➤ Lebervergrößerung und -verhärtung mit Gelbsucht

Harn- und Geschlechtsorgane:

➤ Nieren- und Blasenentzündung mit gelb-schleimigen Beimengungen

➤ Reichlich Eiweiß im Urin

Nervensystem:

➤ Stechende, wandernde Schmerzen, die bei Wärme und abends schlimmer werden

➤ Ängstlich-depressive Grundstimmung

➤ Furchtsam und überempfindlich

➤ Reizbar, kann eifersüchtig und aggressiv reagieren

Besserung: Im Freien, in kühler Luft und bei Bewegung.

Verschlimmerung: In geschlossenen, engen, beheizten Räumen, in der Wärme und gegen Abend.

Ähnliche Salze

➤ Nr. 4 Kalium chloratum – Abgang von weißlichem Schleim

➤ Nr. 5 Kalium phosphoricum – hochfieberhafte Infekte

➤ Nr. 12 Calcium sulfuricum – Ausscheidung von Eiter

Bewährte Kombinationen mit Kalium sulfuricum

➤ Nr. 1 Calcium fluoratum: Neubildung der Oberhaut

➤ Nr. 3 Ferrum phosphoricum: zur Optimierung der Sauerstoffversorgung in Leber und anderen Geweben
➤ Nr. 3 Ferrum phosphoricum, Nr. 8 Natrium chloratum: Verbesserung der Sauerstoffverwertung im Organismus
➤ Nr. 4 Kalium chloratum: bei fortgeschrittenen Entzündungen, Erkrankungen mit Abschuppungen, fördert die Neubildung von Muskelzellen
➤ Nr. 7 Magnesium phosphoricum, Nr. 10 Natrium sulfuricum: nach schweren Infektionskrankheiten zur Rekonvaleszenz
➤ Nr. 10 Natrium sulfuricum: zum Abtransport von Schlacken aus dem Körper, zur Leber-, Lymphentgiftung

Anwendungsempfehlungen
Als das Salz, das die Sauerstoffaufnahme in die Zellen vermittelt und den Leberzellstoffwechsel stimuliert, kommt Kalium sulfuricum überwiegend bei schon fortgeschrittenen Krankheitsprozessen zum Einsatz.
Für eine tief greifende, umstimmende Wirkung, die den Stoffwechsel aktiviert, verabreichen Sie es kurmäßig 3-mal täglich in der D6 über mindestens 2 bis 3 Monate. Es hat sich bewährt, bei Beschwerden, die sich gegen Abend verstärken, Kalium sulfuricum vom späten Nachmittag bis Mitternacht 2- bis 3-mal 1 Gabe zu verabreichen (→ Dosierung Seite 124).

AUF EINEN BLICK

Kalium sulfuricum
Es ist das »Haut- und Lebermittel« der Biochemie. Es hat einen starken Bezug zur Oberhaut, zu den Schleimhäuten und zur Leber und vermittelt die Sauerstoffaufnahme in die Zellen. Es spielt eine wichtige Rolle bei der Entgiftung.
Bei allen Erkrankungen, die bereits seit ein bis mehreren Wochen andauern und die mit gelblichen, grünlichen bis ockerfarbenen Absonderungen einhergehen, sollte Kalium sulfuricum verabreicht werden.

Nr. 7 – Magnesium phosphoricum

Chemie: MgHPO$_4$ x 3 H$_2$O – phosphorsaures Magnesium, Magnesiumphosphat, Magnesiumhydrogenphosphat

Vorkommen im Organismus: Wichtiger Knochenbestandteil, kommt darüber hinaus in Muskeln – vor allem in der glatten, nicht willentlich steuerbaren Muskulatur – und in Nerven, Gehirn, Zähnen, Herz, Blutgefäßen, Schilddrüse und Leber vor.

Wirkung: Phosphorsaures Magnesium – essenzielles Mineral und wichtiger basenbildender Mineralstoff – wirkt im Organismus als »das zweite Muskel- und Nervenmittel« gegen Krämpfe aller Art. Es wird auch als das »Aspirin« der Biochemie bezeichnet und eingesetzt für alle blitzartig auftretenden, schießenden, stechenden und bohrenden Schmerzen, die die Stelle oft wechseln. Bei Krämpfen oder Schmerzen verlangsamt es die Erregungsleitung, bei übersteigerter Aktivität und Unruhe wirkt es beruhigend und hilft, abends und nachts zur Ruhe zu kommen. Es hilft sowohl bei Muskelkrämpfen als auch bei Krämpfen von Hohlorganen, wie zum Beispiel Magen, Darm oder Gallenblase.
Es reguliert die Aktivitäten des sympathischen und parasympathischen Nervensystems und vermindert die Erregbarkeit von Nervenzentren, damit der Organismus zur Ruhe kommen kann.
Es ist am Aufbau von Knochen- und Zahngewebe beteiligt und aktiviert über 300 Enzyme im Körper. Auf das Immunsystem hat es eine dämpfende Wirkung, sodass es auch bei Überreaktionen (Allergien) helfen kann.
Der Phosphatanteil des Magnesium phosphoricum ist an allen energieliefernden Prozessen in den Zellen beteiligt. Weiterhin übernimmt es Aufgaben in der Informationsübertragung von Gewebe zu Gewebe.

Mangel: Die beim Menschen häufig auftretende »Magnesiaröte« ist bei der Katze nur schwer festzustellen, da das Haarkleid die Haut verdeckt. Auch der menschliche

Heißhunger auf Schokolade kann bei der Katze nur selten festgestellt werden, da Katzen normalerweise keine Schokolade bekommen.

Zu wenig Magnesium phosphoricum führt zu einer gesteigerten Erregbarkeit des zentralen Nervensystems und damit verbunden zu ganz unterschiedlichen Beschwerden wie:

➤ Unwillkürliche Zuckungen am ganzen Körper, Kribbelgefühle, Zittern

➤ Ermüdungserscheinungen, Verminderung der Reaktionsfähigkeit

➤ Steifheit und Schmerzen im Nacken und Rücken

➤ Nervosität und Aufgedrehtheit

➤ Krämpfe an Skelettmuskulatur und Hohlorganen

Haupteinsatzgebiete beim Menschen: Als das Salz für Muskeln und Nerven kann es bei allen Erkrankungen eingesetzt werden, die mit Muskelkrämpfen einhergehen. Bei folgenden Beschwerden hat es sich bewährt:

➤ Waden-, Bauch-, Perioden- oder Gefäßkrämpfe

➤ Zahnungs- und Bauchkrämpfe von kleinen Kindern

➤ Verkrampfung der Atemmuskulatur mit Krampfhusten

➤ Koliken im Magen-Darm-Bereich

➤ Muskelzuckungen, Muskelkater

➤ Einschlafstörungen

➤ Nervöse Unruhe, Überdrehtsein

➤ Neigung zu Muskelhartspann im Schulter-/Nackenbereich, vor allem nach Kälte oder Nässe

➤ Neigung zum Erröten

INFO

Schüßler Original
»Die phosphorsaure Magnesia heilt Kopf-, Gesichts-, Zahn- und Gliederschmerzen ... ferner Magenkrampf, Bauchschmerz, gewöhnlich von der Nabelgegend ausstrahlend, durch heiße Getränke, durch Zusammenkrümmen, durch Druck mit der Hand auf den Bauch erleichtert, manchmal begleitet von wässrigem Durchfall. Sie heilt Krämpfe verschiedenster Art ...«

Feststellbare Mangelzeichen bei Katzen: Extrem schmerzempfindliche, schlanke Katzen mit schlaffem Bauch, die am ganzen Körper berührungsempfindlich sind, die sich ungern anfassen lassen und zu Koliken und krampfartigen Schmerzen überall am Körper neigen, brauchen Magnesium phosphoricum. Sie sind meist sehr unruhig, nervös, unkonzentriert, bringen alles Mögliche in der Wohnung zu Fall, finden aber weder tagsüber noch nachts richtig Ruhe. Zeitweise sind sie dann müde, schläfrig und schwach. Sie putzen sich ausdauernd und beknabbern sich überall am Körper, vor allem abends in der Wärme, ohne dass man eine Ursache dafür finden kann. Sie haben einen ausgeprägten Heißhunger auf süße Speisen, die ihnen aber nicht bekommen, sondern Blähungen, Krämpfe und Koliken verursachen. Manchmal sind sie eher gefühllos, oft können sie ihre Muskulatur nicht kontrollieren, sondern zittern und zucken an Beinen und Rücken. Auch ein erschöpfender Krampfhusten kann auftreten, ebenso Allergien und Nervenwurzelreizungen.

Charakter/Verhalten: Katzen wirken schon beim Anschauen angespannt, zeigen bei Aufregung schnell Maulatmung und Hecheln wie ein Hund, können stundenlang miauen oder in einem durchdringenden Ton maunzen, der kaum zu ertragen ist. Dabei sind sie ängstlich, unsicher, wirken zum Teil völlig hysterisch, vor allem in ungewohnten Situationen oder wenn sie allein bleiben müssen, ohne daran gewöhnt zu sein. Eine typische Vertreterin ist die schlanke, hochbeinige Siamkätzin, die zwar elegant springt, aber regelmäßig Blumentöpfe zu Fall bringt, da sie wie verrückt herumrennt und hochspringt. Dabei schreit sie oft grundlos wie ein kleines Kind. Sie frisst hastig und hat danach manchmal krampfartigen Schluckauf. Selbst im Schlaf zucken ihre Augenlider, ihr Rücken und ihre Beine unkontrolliert; sie träumt sehr lebhaft. Kommt ihr jemand aus Versehen zu nahe, schreit sie schon, bevor sie berührt wird; sie ist extrem berührungsempfindlich. Gegen Spritzen beim Tierarzt wehrt sie sich vehement.

Kopf-bis-Fuß-Schema
Augen und Ohren:
➤ Augenlidzucken, Tic
(→ Seite 183), Schielen
➤ Enggestellte, starre
Pupillen
➤ Schreit, wenn sie an den
Ohren angefasst wird
Haut und Haarkleid:
➤ Haarkleid eher dünn, sei-
dig, glänzend, kurze Haare
➤ Juckreiz am ganzen Kör-
per, manchmal leichte, eher
trockene Schuppenbildung
➤ Dünne, feine Oberhaut;
friert leicht
➤ Putzt sich dauernd, be-
nagt Pfoten und Krallen vor
allem abends und in der Wärme

Kristallbild von Magnesium phosphoricum – das schmerz- und krampflösende Salz für Nerven und Muskeln.

Knochen und Gelenke (Bewegungsapparat):
➤ Wirbelsäule berührungsempfindlich und schmerzhaft
➤ Schmerzen in Gelenken, Muskeln und Nerven
➤ Zittern und Zucken der Beine und des Rückens
➤ Muskulatur an Rücken, Vorder- oder Hinterbeinen
verhärtet (bretthart) und schmerzhaft
➤ Muskelkrämpfe durch Überanstrengung mit Schwä-
chung und Reizung des Nerven- und Muskelgewebes
➤ Neigung zu Knochenbrüchen, -wachstumsstörungen
Herz, Blut- und Kreislauforgane:
➤ Nervöses Herzklopfen, Herzrhythmusstörungen
➤ Zu hoher oder stark schwankender Blutdruck
➤ Blutgefäßkrämpfe mit Mangeldurchblutung
Atmungsorgane:
➤ Wechsel zwischen verstopfter Nase und Fließschnupfen
➤ Nervöses trockenes Hüsteln
➤ Heiserkeit nach stundenlangem Miauen
➤ Nächtlicher trockener Krampfhusten ohne Auswurf
➤ Erstickungsanfälle, asthmatische Anfälle
Verdauungsorgane:
➤ Heißhunger auf süße Speisen

➤ Krampfartiger Schluckauf durch Zwerchfellkrampf
➤ Schmerzhafte Blähungen im Oberbauch
➤ Aufgeblähter, sehr berührungsempfindlicher Bauch, von der Nabelgegend ausstrahlender Schmerz
➤ Wässriger Durchfall
➤ Sauer riechendes Erbrechen, meist um die Mittagszeit
➤ Gallen-, Leberkolik
➤ Schwache Darmperistaltik mit Verstopfung

Harn- und Geschlechtsorgane:
➤ Nierenkolik, eventuell Nierengrieß, der nicht abgeht
➤ Blasenkrampf, Harnverhaltung
➤ Schmerzhafter Harndrang
➤ Harngrieß oder Harnblasensteine
➤ Kätzinnen sind frühreif und dann häufig rollig
➤ Wehenschwäche bei der Geburt der Kätzchen

Nervensystem:
➤ Blitzartige, schießende, bohrende, stechende Schmerzen entlang der Nervenbahnen, die anfallweise kommen
➤ Nervöse Krämpfe, epileptiforme (→ Seite 176) Anfälle
➤ Nerven-, Nervenwurzelreizungen (Neuralgien)
➤ Gesteigerte Erregbarkeit der Nerven mit Anfällen von schmerzhaften, sich verstärkenden Muskelkrämpfen
➤ Nervöse Übererregbarkeit mit Schlafstörungen
➤ Zuckungen der Gesichtsmuskeln und Augenlider
➤ Neigung zu Übersprungs- und Ersatzhandlungen, Neurosen
➤ Nervöse Schlaflosigkeit, Schlafstörungen

Besserung: In der Ruhe, in Entspannungsphasen, durch Zusammenkrümmen, Wärme und festen Druck auf die schmerzenden Stellen.

Verschlimmerung: Bei jeglicher Form von Kälteeinwirkung, bei Bewegung im Freien, nachts, durch Stress und nur vorsichtige, leichte Berührung.

Ähnliche Salze
➤ Nr. 2 Calcium phosphoricum – Stärkungsmittel
➤ Nr. 5 Kalium phosphoricum – Muskel-, Nervenmittel
➤ Nr. 11 Silicea – Bindegewebsmittel

Bewährte Kombinationen mit Magnesium phosphoricum

➤ Nr. 1 Calcium fluoratum: zur Stärkung und Bildung des Zahnschmelzes und der Knochenhaut
➤ Nr. 2 Calcium phosphoricum: bei allen Schwäche-zuständen
➤ Nr. 5 Kalium phosphoricum: bei starken Erregungs-zuständen, Koliken, Krämpfen
➤ Nr. 9 Natrium phosphoricum: bei Blasengrieß und Blasensteinen
➤ Nr. 11 Silicea: festigt das Bindegewebe

Anwendungsempfehlungen

Wird Magnesium phosphoricum bei Krämpfen und Koliken und als Schmerzmittel eingesetzt, so wird es als »Heiße 7« zubereitet: 4 bis 6 Tabletten in einem hal-ben Likörglas mit sehr heißem Wasser auflösen und so warm wie möglich eingeben (→ Info Seite 124).
Bei akut auftretenden Allergieproblemen wie zum Bei-spiel extremem Juckreiz können Sie das Salz alle 5 bis 10 Minuten geben, bis der Juckreiz nachlässt.
Bei längerer Behandlungsdauer verabreichen Sie 2- bis 4-mal täglich 1 Gabe in der D6. Morgens wirkt es erfri-schend als »Muntermacher«, spätnachmittags, abends oder nachts verabreicht ist es schlaffördernd. Zur Dosie-rung → Seite 124.

AUF EINEN BLICK

Magnesium phosphoricum
Es hat als zweites »Nerven- und Muskelmittel« hervorragende krampflösende und schmerzstillende Eigenschaften. Deshalb heißt es auch »Aspirin der Biochemie«.
Bei allen Koliken, Krämpfen, Verspannungen, bei Unruhe, un-willkürlichen Zuckungen und nervösen Beschwerden kann es gegeben werden. Ebenso bei Nervenschmerzen, Herzrhyth-musstörungen, Krampfhusten – vor allem, wenn es sich dazu noch um schlanke, nervöse, überempfindliche Tiere handelt.

Nr. 8 – Natrium chloratum

Chemie: NaCl – Chlornatrium, Natrium muriaticum, Natriumchlorid, Kochsalz

Vorkommen im Organismus: Vorwiegend in der Flüssigkeit außerhalb der Zellen (Extrazellularflüssigkeit), aber auch in Knochen und Knorpelgewebe; darüber hinaus im Magen und in den Nieren.

Wirkung: Chlornatrium bringt Wasser in die Zellen, da es den Flüssigkeitshaushalt reguliert. Das ist deshalb so wichtig, da Tiere und Menschen zu 60 bis 70 Prozent aus Wasser bestehen. Das Salz wirkt ausgleichend – sowohl bei zu viel als auch bei zu wenig Wasser im Körper. Es steuert den Austausch von Stoffen in den Zellen, ist wichtig für die Aufrechterhaltung des Säure-Basen-Gleichgewichts und beeinflusst die Wärmeregulation. Darüber hinaus bildet Natrium chloratum Knorpelgewebe, Schleimstoffe und Gelenkschmiere. Durch die Aufnahme von Wasser werden Zellen praller und größer, was die Zellteilung anregt. Im Bereich des Atmungs- und Verdauungsapparats sorgt es für die Bildung der Schleimoberfläche. Im Verdauungsapparat ist es für die Bildung der Salzsäure im Magen zuständig.
Aufgrund seiner chemischen Beschaffenheit kann es metallische Gifte binden.

Mangel: Auch wenn unsere Katzen über ihre Nahrung heute reichlich bis zu viel Kochsalz aufnehmen, kann es im Organismus innerhalb der Zellen zu einem Mangel kommen. Denn Kochsalz in hohen Dosen ist giftig und würde die Zellen zum Absterben bringen. Deshalb lässt die Zelloberfläche Kochsalz nur passieren, wenn es in großer Verdünnung vorliegt – so wie bei den biochemischen Präparaten. Bei Mangelerscheinungen kann es zu folgenden Symptomen kommen:
➤ Verlangen nach salzigen Nahrungsmitteln
➤ Verstärktes oder fehlendes Durstgefühl
➤ Übermäßiger, brennender Tränenfluss

➤ Trockene Haut und Schleimhäute
➤ Geschmacks- und Geruchsverlust
➤ Übermäßige Bildung von feinen trockenen Schuppen
➤ Neigung zu Schnupfen

Bei längerem Mangel an Natriumchlorid kommt es zu einem ausgeprägten Knacken in den Gelenken, da nicht genug Gelenkschmiere gebildet werden kann. Langfristig kann es zu Knorpelschäden kommen.

Haupteinsatzgebiete beim Menschen: Als das »Bewässerungsmittel« der Biochemie wird Natrium chloratum bei allen Störungen im Flüssigkeitshaushalt des Organismus eingesetzt. Diese können sehr vielfältige Erkrankungen hervorrufen:

➤ Trockene Haut, Schleimhäute, Augen
➤ Wässrige bis wässrig-schleimige Durchfälle
➤ Magenkatarrh mit Erbrechen von wässrigem Schleim
➤ Wässriger Fließschnupfen
➤ Neigung zu Schwellungen der Unterhaut, etwa nach Insektenstichen (Ödem)
➤ Hautausschlag mit nur wässrigen Bläschen
➤ Schwäche, Kräfteverfall, Abmagerung
➤ Kribbeln und Taubheitsgefühle in den Beinen
➤ Depressive Verstimmungen

Feststellbare Mangelzeichen bei Katzen: Zum einen können Katzen, die Natrium chloratum brauchen, »trockene« Erkrankungen zeigen wie trockene Haut mit feinen weißen Hautschuppen, stumpfem, glanzlosem Fell, trockene

---

INFO

Schüßler Original
»Jede Zelle enthält Natron. Mit diesem verbindet sich nascierendes Chlor ... Das in der Zelle ... entstandene Chlornatrium zieht Wasser an. Demzufolge vergrößert sich die Zelle und teilt sich ... Bildet sich in den Zellen kein Kochsalz, so bleibt das für sie bestimmte Durchfeuchtungswasser in den Interzellularflüssigkeiten. Demzufolge entsteht eine Hydrämie ...«

Schleimhäute, trockene Nase mit Krusten, trockenes Ekzem im Gehörgang, ungenügende Tränensekretion an den Augen. Zum anderen können auch Anzeichen für zu viel Feuchtigkeit da sein wie wässriger, wund machender Fließschnupfen, tränende Augen mit entzündeten Lidrändern, wässriges Erbrechen oder Durchfall, fettiges Fell mit unreiner Haut. Ebenso können Katzen übergewichtig und aufgedunsen erscheinen, andere wiederum sind mager trotz sehr gutem Appetit. Allen gemeinsam ist, dass sie ganz wild darauf sind, Hände oder Füße von Menschen abzulecken und eine Vorliebe für salzige Nahrung haben. Hitze und Sonne werden meist schlecht vertragen. Auch gegen Nässe, Kälte und Frost sind sie überempfindlich.

Charakter/Verhalten: Katzen, die Natrium chloratum brauchen, ziehen sich eher zurück, scheinen traurig, ohne dass sie sich aufmuntern lassen. Sie sind sehr nachtragend, schnell beleidigt, schließen sich sehr eng an ihre Menschen an, haben aber Kontaktprobleme zu Artgenossen, sind lieber allein. Ein typischer Vertreter ist der ältere Wohnungskater, der seit Jahren immer wieder tränende Augen und Fließschnupfen hat, meist mürrisch zu Hause auf dem Sofa liegt, faucht, wenn man ihm zu nahe kommt oder ihn anspricht, schnell reizbar ist und sich weder durch Streicheln noch durch Leckerlis von Fremden bestechen lässt. Er sucht sich eine bestimmte Bezugsperson aus, der er sich sehr eng anschließt. Von anderen Katzen will er nichts wissen. Ist seine Bezugsperson nicht da, trauert er still, ohne zu jammern, nimmt aber keine Zuwendung von anderen Familienmitgliedern an.

Kopf-bis-Fuß-Schema
Augen und Ohren:
➤ Vermehrter Tränenfluss mit entzündeten Lidrändern
➤ Bindehautentzündung durch zu trockene Schleimhäute
➤ Trockenes Ekzem in der Ohrmuschel
➤ Neigung zu Ohrmilbenbefall

Haut und Haarkleid:
➤ Stumpfes, trockenes, glanzloses Fell, zum Teil mit diffusem Haarausfall; Haarbruch am Rücken
➤ Fettiges Fell mit aneinanderklebenden Haaren
➤ Trockene Haut mit feinen, weißen Schuppen
➤ Juckreiz mit trockenen Ekzemen
➤ Spröde, trockene, sich abschälende Krallen
➤ Neigung zu Pilzbefall der Haut
➤ Risse in der Mitte der Oberlippe und/oder in den Mundwinkeln

Kristallbild von Natrium chloratum – dem Salz der Biochemie, das den Flüssigkeitshaushalt im Organismus reguliert.

Knochen und Gelenke (Bewegungsapparat):
➤ Schleimbeutel- und Sehnenscheidenentzündungen
➤ Bänderschwäche, Sehnenverhärtungen
➤ Knackende Gelenke mit Knorpelschäden
➤ Schwäche in den Hinterbeinen
➤ Rückenbeschwerden, Bandscheibenprobleme
➤ Knorpelabnutzung, -defekte

Herz, Blut- und Kreislauforgane:
➤ Nervöse Herzbeschwerden, pochendes, klopfendes Herz
➤ Unregelmäßiger Herzschlag, Herzrhythmusstörungen

Atmungsorgane:
➤ Fließschnupfen mit wässrigem, wund machendem Nasenausfluss
➤ Häufiges Niesen mit Nasenbluten
➤ Verstopfte, geschwollene und wunde Nase
➤ Krampfhafter trockener Husten, der sich in warmen Räumen verschlimmert
➤ Felines Asthma

Verdauungsorgane:
➤ Vermehrter Speichelfluss
➤ Großer Durst bei trockenen Mundschleimhäuten

➤ Mundwinkeleinrisse (Rhagaden)
➤ Frisst mit Heißhunger, ist nach wenigen Bissen satt
➤ Abmagerung trotz gutem Appetit
➤ Morgendliches wässriges Erbrechen, saures Aufstoßen, Magengeschwüre mit Schleimhautdefekten
➤ Wässrige, wund machende Durchfälle im Wechsel mit wiederkehrender Verstopfung
➤ Leckt sich viel am After, wird wund mit kleinen Einrissen um die Afterrosette

Harn- und Geschlechtsorgane:
➤ Akute Blasenentzündung mit Harndrang
➤ Milchig-weißer bis blutig-schwarzer Urin mit Eiweißbeimengungen
➤ Rolligkeit bei der Kätzin mit viel klarem Ausfluss
➤ Auffällige Verhaltensänderungen vor, während und nach der Rolligkeit: Reizbarkeit, Aggressivität

Nervensystem:
➤ Leichte Erregbarkeit, Nervosität
➤ Will nicht berührt werden

Besserung: In frischer, kühler Luft, durch kalte Waschungen oder Druck auf den Rücken; trockenes, warmes Wetter, Ruhe und Alleinlassen bessern ebenfalls.

Verschlimmerung: Durch nasskaltes Wetter, bei Sonnenbestrahlung, am Vormittag und bei extremem Wetterwechsel; auch psychischer Stress, Zuspruch, Trösten oder Streicheln verschlimmern den Zustand.

Ähnliche Salze
➤ Nr. 4 Kalium chloratum – Schleimhäute
➤ Nr. 6 Kalium sulfuricum – Ausleitung
➤ Nr. 9 Natrium phosphoricum – Übersäuerung
➤ Nr. 10 Natrium sulfuricum – Ausleitung, Entgiftung

Bewährte Kombinationen mit Natrium chloratum
➤ Nr. 1 Calcium fluoratum, Nr. 11 Silicea: bei Bandscheibenbeschwerden über längere Zeit anzuwenden
➤ Nr. 2 Calcium phosphoricum: zur Bildung roter und weißer Blutkörperchen bei Blutarmut

➤ Nr. 3 Ferrum phosphoricum, Nr. 4 Kalium chloratum: bei akuter Magenreizung, Magenschleimhautentzündung

➤ Nr. 4 Kalium chloratum: zur Giftausleitung

➤ Nr. 7 Magnesium phosphoricum, Nr. 10 Natrium sulfuricum: bei Neigung zu Verstopfungen

➤ Nr. 9 Natrium phosphoricum: bei Unverträglichkeit von Fett, bei saurem Erbrechen

Anwendungsempfehlungen

Natrium chloratum ist unter den Natriumsalzen im Organismus das Wichtigste. Doch gerade beim Kochsalz ist es so, dass viel eben nicht viel hilft!

Normalerweise verabreichen Sie es 4- bis 6-mal täglich, bei bereits länger bestehenden Beschwerden 2- bis 3-mal täglich. Bei hochakuten Erkrankungen wie zum Beispiel wässrigem Durchfall lösen Sie 4 bis 6 Tabletten in circa 100 ml gekochtem Wasser auf und geben es der Katze noch warm schluckweise ein (→ Info Seite 124).

Bei akutem Schnupfen ist es eines der am schnellsten wirkenden Schnupfenmittel der Naturheilkunde. Beim ersten Niesen geben Sie 1 bis 2 Stunden lang alle 5 bis 10 Minuten 1 Tablette. Meist lässt der Schnupfen nach dieser Zeit schon nach. Bei knackenden Gelenken muss es mindestens 2 bis 3 Monate lang gegeben werden. Zur Dosierung → Seite 124.

AUF EINEN BLICK

Natrium chloratum

Es dient als »Bewässerungsmittel« zur Regulierung des Flüssigkeitshaushaltes. Sowohl bei Mangel wie auch Überschuss an Flüssigkeit im Organismus wirkt es regulierend.

Bei allen Erkrankungen, bei denen der Wasser- und der Säure-Basen-Haushalt gestört sind, kann Natrium chloratum gegeben werden, so bei Erkrankungen sämtlicher Schleimhäute, bei Magen-Darm-Problemen, Hauterkrankungen oder degenerativen Erkrankungen des Knorpelanteils der Knochen.

Nr. 9 – Natrium phosphoricum

Chemie: Na_2HPO_4 x 12 H_2O – Natriumphosphat, Natriummonohydrogenphosphat, Natron

Vorkommen im Organismus: Vorwiegend in den Blutkörperchen, den Muskel-, Nerven- und Gehirnzellen vorkommend, aber auch in der Flüssigkeit zwischen den Zellen (Interzellularflüssigkeit).

Wirkung: Phosphorsaures Natron ist ein alkalisches Salz, das Säuren bindet. Es hat die Aufgabe, das Gleichgewicht zwischen den Körperflüssigkeiten zu erhalten. Es hält den pH-Wert des Blutes konstant und kann alle im Stoffwechsel anfallenden Säuren letztendlich in die unschädlichen Verbindungen Kohlensäure und Wasser zerlegen. Kohlensäure wird mithilfe von Natrium phosphoricum gebunden und über die Lunge zur Ausatmung gebracht. Die durch Muskelarbeit entstehende Milchsäure wird ebenfalls in Wasser und Kohlensäure gespalten, zur Lunge transportiert und über die Atemwege ausgeschieden, damit es keinen Muskelkater gibt. Die beim Abbau von Eiweißstoffen beim Menschen entstehende Harnsäure wird von Natrium phosphoricum in Lösung gehalten, zur Niere transportiert, zu Harnstoff umgewandelt und über den Urin ausgeschieden. Im Fettstoffwechsel ist es an der Aufspaltung und Verarbeitung von Fetten beteiligt.

Mangel: Kommt es durch einen Mangel an Natrium phosphoricum oder durch ein Zuviel an Säurebildnern infolge eher kohlenhydrat- oder zuckerreicher Ernährung zu einem Säureüberschuss im Organismus, so hat das vielfältige Folgen für Stoffwechsel- und Abwehrreaktionen. Eine ganze Reihe von Beschwerden steht mit einer Übersäuerung in direktem Zusammenhang:
➤ Müdigkeit, Mattigkeit, Heißhunger, Verlangen nach Süßem und/oder Saurem
➤ Säuerliche, wund machende Ausscheidungen
➤ Fettiges Haarkleid mit öligen, fettigen Schuppen

➤ Schwächung der Widerstandsfähigkeit
➤ Hemmung von Heilungsvorgängen
➤ Geschwollene Lymphknoten
➤ Schwächung des Bindegewebes

Bei länger bestehendem Säureüberschuss versucht der Organismus auszugleichen, indem er seine mineralstoffreichsten Gewebe – Zähne und Knochen – angreift und abbaut. In der Folge kann es zu Zahnschäden und Demineralisation von Knochen kommen. Um die überschüssigen Säuren zu binden, werden sie schließlich in Form von Kristallen in verschiedenen Geweben und Blutgefäßen oder in Form von Steinen in Gallenblase, Nieren oder Blase abgelagert.

Haupteinsatzgebiete beim Menschen: Als das »Entsäuerungsmittel« der Biochemie wird Natrium phosphoricum eingesetzt bei Störungen im Säurehaushalt. Bei folgenden Beschwerden hat es sich bewährt:

➤ Magenübersäuerung, Sodbrennen
➤ Verdauungsbeschwerden, Koliken, Blähungen
➤ Sauer riechende Durchfälle
➤ Störungen der Fettverdauung
➤ Fettleibigkeit mit erhöhtem Cholesterinspiegel
➤ Gelenkbeschwerden durch Ablagerung von Harnsäurekristallen (Gicht)

Feststellbare Mangelzeichen bei Katzen: Meist übergewichtige, träge, energielose, immer hungrige Tiere mit öligfettiger, säuerlich riechender Haut, die zu

INFO

Schüßler Original: »Genanntes Salz besitzt die Fähigkeit, Kohlensäure zu binden, und zwar nimmt es auf je einen Bautheil Phosphorsäure, die es enthält, zwei Bautheile Kohlensäure auf. Hat es die Kohlensäure gebunden, so führt es dieselbe den Lungen zu. Der in die Lungen einströmende Sauerstoff befreit die nur locker an das phosphorsaure Natron gebundene Kohlensäure ...«

morgendlichem Erbrechen von weißlichem, wässrigem Schleim neigen, können einen Mangel an Natrium phosphoricum haben. Alle Ausscheidungen riechen irgendwie säuerlich. Eine Neigung zu Verdauungsstörungen mit Blähungen, Erbrechen oder Durchfall nach sehr üppigen Mahlzeiten ist vorhanden. Grieß- und Steinbildung in Galle, Nieren, in der Blase und den Harnwegen kommt häufig vor, ebenso rheumatische Beschwerden am Bewegungsapparat. Häufig findet man teigige, nicht schmerzhafte Lymphknotenschwellungen im Halsbereich und schwammiges Bindegewebe am Bauch. Bei älteren Katzen kann man einen ausgedehnten Hängebauch mit nicht schmerzhaften und nicht entzündeten Fetteinlagerungen finden.

Charakter/Verhalten: Katzen, die Natrium phosphoricum brauchen, sind oft müde, erschöpft, wirken depressiv oder traurig. Sie können aber auch emotional unausgeglichen, übernervös mit Anfällen von Hyperaktivität und vor allem nachts ängstlich sein. Sie sehen oft älter aus, als sie sind, neigen zu Übergewicht und sind sehr verfressen. Ein typischer Vertreter ist der ältere, nur in der Wohnung lebende Kater. Er ärgert sich leicht, ist sehr schnell »sauer« und beleidigt, wenn ihm etwas nicht passt oder wenn er sich in seinem Schlaf gestört fühlt, und lässt es seine Umgebung deutlich spüren. Er will immer seinen Willen durchsetzen und wirkt dadurch starrsinnig, unflexibel oder sogar aggressiv. Jegliche Aufregung schlägt ihm auf den Magen, häufig erbricht er während oder nach aufregenden Erlebnissen.

Kopf-bis-Fuß-Schema
Augen und Ohren:
➤ Augenbindehaut- oder Hornhautentzündung mit gelb-rahmigem Augenausfluss
➤ Augenlidentzündungen mit verklebten Lidern
➤ Ohrenentzündung mit Ausfluss von dickem, gelbem Eiter, Ohren schmerzen äußerlich und jucken
➤ Schuppiger Ausschlag in den Ohrmuscheln, vermehrte Ohrenschmalzproduktion

Haut und Haarkleid:
➤ Fettiges Haarkleid mit öligen Schuppen; bei längerem Bestehen wird das Fell trocken-stumpf
➤ Mitesser, Pickel, eitrige Haarbalgentzündungen, verstopfte Talgdrüsen vor allem am Kinn
➤ Saurer Körpergeruch

Knochen und Gelenke (Bewegungsapparat):
➤ Rheumatische Gelenkbeschwerden, die sich durch feuchte Wärme verschlimmern
➤ Chronische Sehnenscheidenentzündungen nach Überlastung

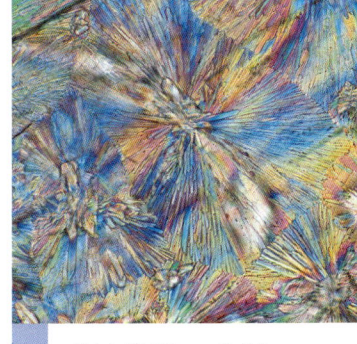

Kristallbild von Natrium phosphoricum – dem Salz, das Säuren in Kohlensäure und Wasser zerlegt und ausscheidet.

➤ Neigung zu Knochenbrüchen, Muskelkater
➤ Rachitis bei lang dauerndem Säureüberschuss

Herz, Blut- und Kreislauforgane:
➤ Übersäuerung des Blutes, Abweichungen im Blut-pH-Wert
➤ Bluthochdruck
➤ Herzbeschwerden mit Schmerzen und Zittern

Atmungsorgane:
➤ Schnupfen, Nasenjucken, Nasen-Rachen-Katarrh mit zähem, dickem, gelbem Schleim und verstopften Nasenhöhlen
➤ Mandel-Rachen-Katarrh mit Schwellung und Eiterung
➤ Hals-, Kehlkopfentzündungen
➤ Teigige Drüsenschwellungen am Hals
➤ Bronchitis und Lungenentzündung mit dick-gelbem Auswurf und chronischem Verlauf
➤ Asthma mit Atemnot

Verdauungsorgane:
➤ Zunge mit dickem, gelblichem Belag
➤ Schmelzdefekte an Zähnen mit Abbrechen der Zahnkronen

➤ Mundschleimhautentzündung
➤ Morgendliches Erbrechen
➤ Aufstoßen mit Übelkeit, Erbrechen vor allem nach fettreicher Nahrung
➤ Magenschleimhautentzündung mit saurem Erbrechen
➤ Koliken und Blähungen mit sauer riechenden Winden
➤ Schaumige, säuerlich riechende Durchfälle
➤ Gallengrieß
➤ Bei Diabetes zur Begleitbehandlung der Übersäuerung

Harn- und Geschlechtsorgane:
➤ Nierenentzündung mit Nierengrieß oder -steinen
➤ Degenerative Nierenerkrankungen (Niereninsuffizienz)
➤ Urämie (Harnvergiftung des Blutes)
➤ Blasengrieß und -steine
➤ Blasenentzündung mit vermehrter Harnmenge
➤ Säugende Kätzinnen: akute, stark schmerzhafte Gesäugeentzündung

Nervensystem:
➤ Lähmungserscheinungen, Nervenwurzelreizungen
➤ Nervosität nach Überreizung
➤ Schwäche, Übermüdung

Besserung: Durch helles Licht und bei trockener Wärme. Katzen kriechen gern unter Decken, lassen sich zudecken oder mit einer Wärmelampe oder einem Wärmekissen behandeln.

Verschlimmerung: Bei Witterungswechsel hin zu kalter, feuchter Witterung, bei Aufnahme von fetter Nahrung und durch kaltes Wasser.

Ähnliche Salze
➤ Nr. 8 Natrium chloratum – Flüssigkeitshaushalt
➤ Nr. 10 Natrium sulfuricum – Ausscheidung
➤ Nr. 12 Calcium sulfuricum – Gelenke, Eiterungen

Bewährte Kombinationen mit Natrium phosphoricum
➤ Nr. 4 Kalium chloratum: bei Augenentzündungen mit dickem, gelblichem Augenausfluss

➤ Nr. 4 Kalium chloratum, Nr. 5 Kalium phosphoricum, Nr. 7 Magnesium phosphoricum: zur Entgiftung, Entschlackung, etwa als Frühjahrskur (→ Seite 168)
➤ Nr. 10 Natrium sulfuricum: bei Neigung zu Mitessern und Pickeln am Kinn, fettigem Haarkleid
➤ Nr. 11 Silicea: bei Nieren-, Blasenentzündungen, Übersäuerung; zur Stoffwechselumstimmung; bei Bindehautentzündung mit gelblich-rahmiger Absonderung

Anwendungsempfehlungen
Natrium phosphoricum wird oft als Erstmaßnahme gegeben, um zu entlasten. Es wird meist in der D6 verabreicht, bei akuten Beschwerden 2- bis 4-mal täglich, bei chronischen Beschwerden 1- bis 2-mal täglich 1 Gabe. Bei ganz akuten Problemen wie plötzlich auftretenden Verdauungsstörungen mit säuerlich riechenden Ausscheidungen können Sie das Mittel anfangs alle 15 Minuten geben, bis die Beschwerden nach 2 bis 4 Stunden abklingen. Danach verabreichen Sie alle 1 bis 2 Stunden 1 Gabe. Sind die Beschwerden vorbei, sollten Sie das Salz noch einige Tage 2- bis 3-mal täglich verabreichen. Gerade zur Stoffwechselumstimmung und -anregung, das heißt bei allen chronischen Prozessen wie Blasengrieß, leistet es als Entgiftungsmittel – zusammen mit Nr. 11 Silicea D12 – gute Dienste, wenn es über mindestens 2 Monate gegeben wird (Dosierung → Seite 124).

AUF EINEN BLICK

Natrium phosphoricum
Es ist das »Entsäuerungsmittel« der Biochemie und wird bei chronisch kranken Katzen häufig zur Stoffwechselumstimmung eingesetzt. Bei allen Erkrankungen, die auf eine Störung von Säuren (Harn-, Milch-, Kohlen-, Salz-, Essig- und Fettsäure) im Organismus zurückzuführen sind, sollte Natrium phosphoricum gegeben werden. Es hilft, Säuren in ihre Bestandteile zu zerlegen, sie zu neutralisieren, zu transportieren und für den Organismus unschädlich zu machen.

Nr. 10 – Natrium sulfuricum

Chemie: Na_2SO_4 – schwefelsaures Natrium, schwefelsaures Natron, Natriumsulfat, Glaubersalz

Vorkommen im Organismus: Vorwiegend im Raum zwischen den Zellen (Extrazellularraum) und in verschiedenen Körperflüssigkeiten bei abbauenden Stoffwechselprozessen, aber auch in Leber und Galle.

Wirkung: Schwefelsaures Natron regt die Ausscheidung an. Es zieht Wasser an, um es auf den natürlichen Ausscheidungswegen – vor allem Dickdarm, Harnorgane, Haut – aus dem Körper zu entfernen.
Es wirkt intensiv auf den Leber-Galle-Trakt – die Entgiftungsfunktion der Leber und der Gallefluss werden angeregt, die Ausscheidung über den Darm verbessert sich. Dadurch hat es auch verdauungsregulierende Funktion auf den Dickdarm bei Durchfall oder Verstopfung.
Bei Flüssigkeitsansammlungen in Körpergeweben (Ödemen) regt es die Ausscheidung über die Nieren an und hilft so, den Körper von Schlackenstoffen zu reinigen.
Bei allen Störungen der Sekretausscheidung wirkt es ebenfalls regulierend, so zum Beispiel bei mangelnder Bildung von Gallensäuren oder mangelnder Sekretbildung der Bauchspeicheldrüse. Zudem unterstützt es die Bauchspeicheldrüse in ihrer Eigenschaft als Insulinproduzent und beeinflusst so den Zuckerstoffwechsel.
Weiterhin wirkt es leicht entzündungshemmend und keimreduzierend.

Mangel: Während man beim Menschen einen Mangel oft an einer grünlich gelben, fleckigen Färbung im Gesicht, an rötlich blauen Wangen und einer bläulich roten Nase erkennen kann, sind bei der Katze solche offensichtlichen Zeichen kaum feststellbar. Eventuell lässt sich eine gelbliche Verfärbung der Augäpfel als Zeichen der Leberbelastung erkennen.
Bei Katzen kommt es zur Einlagerung von Wasser in das Unterhautgewebe. Ein Fingereindruck zum Beispiel im

Brust- oder Bauchbereich bleibt als Zeichen eines Ödems bestehen. Es kann zu geräuschvollen, übel riechenden Blähungen kommen, unter Umständen mit grünlich gelben, stinkenden Stuhlentleerungen. Der Bauch kann insgesamt stark gebläht wirken.

Haupteinsatzgebiete beim Menschen: Als das »Ausscheidungsmittel« der Biochemie wird Natrium sulfuricum überall dort eingesetzt, wo es darum geht, Stoffwechselendprodukte auszuscheiden. Bei folgenden Beschwerden hat es sich bewährt:

➤ Verstopfung oder gelblich grünlicher Durchfall
➤ Störungen der Fettverdauung mit sehr hellem Stuhl
➤ Blähungen mit Kolikschmerzen
➤ Ödeme an Augenlidern oder Unterschenkeln
➤ Nässende Unterschenkelgeschwüre
➤ Nässende, juckende Hautausschläge
➤ Rheumatische Beschwerden, die sich bei feuchtkaltem Wetter verschlimmern

INFO

Schüßler Original
» ... das Natriumsulfat zieht das ... Wasser an und bewirkt die Ausscheidung desselben ... das Natriumsulfat entzieht den ausgedienten Leukozyten Wasser und veranlaßt dadurch deren Zerfall ... Infolge der durch Natriumsulfat angeregten Tätigkeit der Epithelzellen der Harnkanälchen tritt überschüssiges Wasser ... in die Nieren, um als Harn den Organismus zu verlassen ...«

Feststellbare Mangelzeichen bei Katzen: Oft übergewichtige, aufgedunsen und immer schläfrig erscheinende Katzen, mit nässenden Ausschlägen und plötzlich auftretenden, wässrig-stinkenden morgendlichen Durchfällen, die sich mit Verstopfung abwechseln, benötigen Natrium sulfuricum. Aber auch zarten, schlanken, sehr schwächlichen Tieren mit Neigung zu Lebererkrankungen kann mit diesem Salz geholfen werden. Haut und Unterhaut erscheinen weich und verdickt, Beine und tastbare Gelenke können geschwollen sein. Der Bauch ist vor allem morgens stark gebläht, der Leberbereich ist sehr berührungsempfindlich. Die Katzen frösteln leicht und haben oft kalte Pfoten, mögen aber nicht zugedeckt werden oder im Warmen liegen. Typisch sind nicht abheilende Geschwüre an unterschiedlichsten Körperstellen, die immer wieder beleckt oder aufgebissen werden. Durch sie wird quasi ein Ventil offen gehalten, um Abfallstoffe ausscheiden zu können. Alle Absonderungen sind gelbgrünlich und eher wässrig. Alle Beschwerden können periodisch auftreten.

Charakter/Verhalten: Katzen, die Natrium sulfuricum brauchen, sind eher reizbar, impulsiv und können zu Aggressivität neigen. Sie wirken in ihren Bewegungen schwerfällig, immer missmutig, träge, gleichgültig, müde und fröstelig, sind immer unzufrieden, können aber unvermittelt ausrasten und ungeahnte Aktivitäten entwickeln. Einen Menschen mit diesen Eigenschaften würde man als Choleriker bezeichnen. Ein typischer Vertreter ist der viel zu dicke, verfressene Maine-Coon-Kater mit schlechtem Fell und wiederkehrenden nässenden Ekzemen, der immer wieder morgens nüchtern gelblich grünen Schleim erbricht oder Durchfall hat. Aufregungen schlagen ihm auf die Leber, er reagiert schnell aggressiv mit Fauchen und Kratzen, wenn ihm etwas nicht passt. Es gibt aber auch Katzen, die eher nervös, manchmal sogar ängstlich reagieren und einen melancholisch-depressiven, zurückgezogenen Eindruck machen.

Kopf-bis-Fuß-Schema
Augen und Ohren:
➤ Geschwollene Augen und Augenumgebung
➤ Gelbliche Verfärbungen der weißen Anteile des Auges
➤ Neigung zu erhöhtem Augeninnendruck (grüner Star)
➤ Vermehrte Ohrenschmalzproduktion
Haut und Haarkleid:
➤ Gelbliche Hautfarbe
➤ Neigung zu warzenähnlichen, kleinen Hautknötchen

➤ Nässende Ausschläge mit gelb-grünlichen Absonderungen

➤ Abendlicher Juckreiz an den Pfoten

➤ Alte, immer wieder aufbrechende Wunden, Geschwüre

➤ Neigung zu Wassereinlagerung im Unterhautgewebe, Brust- und Bauchbereich

➤ Neigung zu Hautpilzerkrankungen

Kristallbild von Natrium sulfuricum – dem Ausscheidungsmittel, das Leber, Galle, Darm, Niere und Blase anregt.

Knochen und Gelenke (Bewegungsapparat):

➤ Geschwollene Beine (Ödeme)

➤ Lockere Gelenke, Knacken in den Gelenken

➤ Stechende Schmerzen mit plötzlichem Aufspringen

➤ Rheumatische Beschwerden eher morgens

Atmungsorgane:

➤ Schnupfen mit grünlichem Nasenausfluss nach Durchnässung

➤ Trockener Husten mit wenig Auswurf

➤ Atemnot, Asthma mit lautem Rasseln in der Brust, plötzlich auftretend bei neblig-nassem Wetter

➤ Flüssigkeitsansammlung in der Lunge (Lungenödem)

Verdauungsorgane:

➤ Dunkler, grünlich gelber Zungenbelag

➤ Leicht bitterer, unangenehmer Mundgeruch

➤ Übelkeit mit galligem, gelb-wässrigem Erbrechen

➤ Magenschleimhautentzündung

➤ Wässrig-stinkende, schmerzhafte Durchfälle morgens

➤ Geräuschvolle Blähungen mit unwillkürlichem Stuhlabgang außerhalb des Katzenklos

➤ Durchfall und Verstopfung im Wechsel

➤ Sehr berührungsempfindlich im rechten Vorderbauchbereich (Lebergegend)

➤ Überlastung der Leber

➤ Alle entzündlichen oder degenerativen Lebererkrankungen, eventuell mit Gelbsucht einhergehend
➤ Entzündungen von Bauchspeicheldrüse oder Gallenblase
➤ Gallestau, Gallengrieß

Harn- und Geschlechtsorgane:
➤ Neigung zu Nierengrieß, -steinen
➤ Nierenkoliken
➤ Harnverhaltung oder unwillkürlicher Harnabgang (Inkontinenz) außerhalb des Katzenklos
➤ Schmerzen beim Harnabsatz
➤ Nachmittäglicher Drang zum Urinabsatz
➤ Blasenentzündung mit ziegelstaubähnlichem, rötlich gelblichem, sandigem, klebrigem Bodensatz im Urin

Nervensystem:
➤ Schmerzen, Nervenschmerzen
➤ Wechselt tagsüber und nachts oft den Liegeplatz
➤ Zittern und Frösteln
➤ Erfrierungen, Schüttelfrost

Besserung: Durch trockenes, warmes Wetter, Zufuhr von Wärme (wie Rotlichtbestrahlung, Wärmflasche).

Verschlimmerung: Gegen Morgen, bei feuchtem Wetter und in feuchter Umgebung; auch Hochheben, Berührung am Bauch, Liegen auf der linken Seite führen zur Verschlechterung.

Ähnliche Salze
➤ Nr. 5 Kalium phosphoricum – wirkt gegen Darmfäulnis
➤ Nr. 6 Kalium sulfuricum – Ausscheidung und Entgiftung
➤ Nr. 8 Natrium chloratum – Flüssigkeitshaushalt

Bewährte Kombinationen mit Natrium sulfuricum
➤ Nr. 2 Calcium phosphoricum: bei Durchfall mit frühmorgendlicher Verschlimmerung
➤ Nr. 5 Kalium phosphoricum, Nr. 8 Natrium chloratum: bei Verstopfung und Darmträgheit

➤ Nr. 6 Kalium sulfuricum: zur Entschlackung
➤ Nr. 7 Magnesium phosphoricum, Nr. 9 Natrium phosphoricum: bei Gallenkolik
➤ Nr. 8 Natrium chloratum: bei kleieartigen Hautschuppenbildungen mit zum Teil nässendem Ekzem
➤ Nr. 9 Natrium phosphoricum: bei übergewichtigen Tieren zur Unterstützung einer Reduktionsdiät
➤ Nr. 11 Silicea: bei Blähungen mit Gasbildung

Anwendungsempfehlungen

Natrium sulfuricum ist ein Mittel, das stark die Konstitution der Katze beeinflusst. Wird es benötigt, sollte gleichzeitig auch die Ernährung überprüft werden, denn Katzen als ausgeprägte Fleischfresser benötigen viel hochwertiges tierisches Eiweiß. Möglicherweise ist auch der Kochsalzgehalt des Futters zu hoch. Die beste Entschlackungskur kann nicht helfen, wenn der Katze gleichzeitig zu viel minderwertiges oder gar schädliches Futter gegeben wird.

Bei hochakuten Störungen wie Durchfällen geben Sie ihr das Mittel alle 15 Minuten bis stündlich, bei Besserung dann noch bis zu 6-mal täglich in der D6, bis der Durchfall vorbei ist. Bei chronischen Problemen oder als Entschlackungskur kann die D6 1- bis 3-mal täglich eingesetzt werden, jetzt aber über längere Zeit – meist mehrere Monate (Dosierung → Seite 124).

AUF EINEN BLICK

Natrium sulfuricum

Es ist das »Ausscheidungsmittel« der Biochemie. Mit zunehmendem Alter und nachlassenden Organleistungen spielt die Verschlackung des Organismus eine wichtige Rolle. Vorwiegend bei morgendlichen stinkenden, gelb-grünlichen Durchfällen im Wechsel mit Verstopfung, bei geräuschvollen Blähungen, bei Wassereinlagerungen in der Unterhaut, bei periodisch auftretenden nässenden Hautausschlägen und bei Lebererkrankungen hilft es, die Abbauprodukte auszuscheiden.

Nr. 11 – Silicea

Chemie: SiO_2 x H_2O – Acidum silicium, Kieselsäure, Kieselsäureanhydrid, Quarz, Sand

Vorkommen im Organismus: Als Bestandteil des Bindegewebes kommt Silicea in allen Geweben und Organen vor. Es ist am Aufbau von Gelenken, Haut, Haaren, Bindegewebe und Nägeln beteiligt und bewirkt deren Festigkeit. Doch auch im Blut, in Knochen, Drüsen, Muskeln, Sehnen und Nerven sowie in sämtlichen elastischen Häuten ist es vorhanden.

Wirkung: Kieselsäure steigert die Widerstandsfähigkeit und mechanische Festigkeit der Gewebe, deshalb wird sie auch als »Stabilisierungsmittel« der Biochemie bezeichnet. Sie ist an der Bildung von Kollagen beteiligt, einer Eiweißverbindung, die zur Entwicklung und Stabilisierung von Knorpel, Bindegewebe, Sehnen und Knochen gebraucht wird. Im Alter hat Silicea eine straffende Wirkung auf das Bindegewebe.
Bei eitrigen Entzündungen regt es die Fresszellen des Immunsystems zum verstärkten Angriff auf eingedrungene Krankheitserreger an. Dank der Fähigkeit, Toxine im Gewebe zu binden, wirkt es auf Eiterungen einschmelzend, bringt Abszesse zum Reifen und treibt in den Organismus gelangte Fremdkörper aus. Es ist das Hauptmittel bei akuten und chronischen Eiterungen. Silicea baut die Leitfähigkeit von Nerven auf, damit Nervensignale wieder richtig übermittelt werden können. An der Aufnahme von Kalzium aus der Nahrung im Darm zum Aufbau von Knochengewebe ist Kieselsäure ebenfalls beteiligt, sie spielt damit eine wichtige Rolle im Kalkstoffwechsel.

Mangel: Ein Mangel an Silicea führt zu frühzeitiger körperlicher Alterung, was sich in stumpfem Fell, Haarbruch, brüchigen oder absplitternden Zehennägeln und juckender Haut zeigt. Viele weitere Störungen können zusammen mit einem Silicea-Mangel vorkommen:

➤ Allgemeine Überempfindlichkeit – gegen Licht, Geräusche, Berührungen –, Nervosität
➤ Auftreten von unwillkürlichen Zuckungen
➤ Bildung von Falten oder Rissen in der Haut
➤ Neigung zu Ekzemen, Eiterungen und Abszessbildung
➤ Schlechte Wundheilung
➤ Bindegewebsschwäche
➤ Unruhiger Schlaf mit Aufschrecken
➤ Schwäche, Frieren, Erkältungsneigung

Bei länger bestehendem Mangel kann es zu Gewebsbrüchen wie etwa Leistenbrüchen kommen. An der Haut treten ekzematöse Hautentzündungen mit Schrunden und Rissen auf, da das Bindegewebe brüchig wird.

Haupteinsatzgebiete beim Menschen: Als das »Stabilisierungsmittel« der Biochemie wird Silicea bei allen Problemen mit schwachem Bindegewebe eingesetzt. Das können Haarausfall, vorzeitige Faltenbildung, schlaffe, feine, durchscheinende Haut, spröde Finger- und Fußnägel, Krampfadern, Knochenschwund oder Arthrose sein.

Als zweites wichtiges Hauptmittel findet es Einsatz bei akuten und chronischen Entzündungen mit noch geschlossenen Eiterungen, wie Abszessen, Furunkeln, Fisteln, eitrigen Nagelbettentzündungen.

Feststellbare Mangelzeichen bei Katzen:
Für eher zarte, schlanke, feingliedrige Tiere, die überempfindlich auf Licht, Geräusche oder Berührungen reagieren, bei denen Hautverlet-

INFO

Schüßler Original
»Die Kieselsäure ist ein Bestandteil der Zellen des Bindegewebes, der Epidermis, der Haare und der Nägel. Hat in einer entzündeten Bindegewebs- oder Hautpartie ein Eiterherd sich gebildet, so ist Silicea anwendbar ... Silicea-Moleküle ... sind imstande, Feindliches (den Eiter) abzustoßen ... demzufolge wird der Eiter entweder ... resorbiert oder er wird nach außen gedrängt ...«

zungen sich immer gleich eitrig entzünden, die wegen ihrer trocken-schuppigen Haut gern Juckreiz haben und sich ausdauernd belecken, ist Silicea das richtige Mittel. Die Katzen sind extrem kälteempfindlich, zittern schon beim geringsten Luftzug. Oft sind sie mager, mit aufgetriebenem Bauch, weil sie wegen Fäulnisprozessen im Darm Blähungen haben. Das Haarkleid ist fein, dünn, seidig, oft von heller Farbe, die Haut ist manchmal durchscheinend und hell pigmentiert. Häufig sind es schlechte Futterverwerter, die trotz Heißhunger abmagern, bei Jungtieren können Entwicklungsstörungen auftreten. Verletzungen der Haut heilen schlecht, eingedrungene Fremdkörper wie Gräsergrannen neigen zur Fistelbildung, um die Körperöffnungen können schmerzhafte Hauteinrisse auftreten. Eiterungen sind dünnflüssig, eher wässrig, ätzend und übel riechend.

Charakter/Verhalten: Katzen, die Silicea brauchen, sind extrem empfindlich gegen äußere Einflüsse, haben kaum Selbstvertrauen, sind schreckhaft, scheu und unruhig. Sie wirken edel, zerbrechlich und aristokratisch, sind immer lieb, brav und gehorsam. Ein typischer Vertreter ist der hochbeinige, schlanke, junge Siamkater, der am liebsten zusammengerollt bei seiner Besitzerin auf dem Schoß liegt, sich gern mit einer Decke zudecken lässt, weil er leicht friert. Solche Katzen sind im Mehrkatzenhaushalt meist rangtief, geben den anderen schnell nach, unterwerfen sich, reagieren aber bei Stress hektisch und nervös. Sie neigen zu nervösen Übersprungshandlungen wie Belecken des ganzen Körpers, wenn sie sich unbeobachtet fühlen.

Kopf-bis-Fuß-Schema
Augen und Ohren:
➤ Bindehaut-, Lidrand- oder Hornhautentzündung mit dünnem, gelb-schleimigem Ausfluss
➤ Neigung zu Ohrenentzündungen mit stinkendem, dünnem, wund machendem Ohrenausfluss
➤ Extreme Geräuschempfindlichkeit oder Schwerhörigkeit bis hin zur Taubheit

Haut und Haarkleid:
➤ Haarwachstumsstörungen, Haarausfall, Haarbruch
➤ Krallen brüchig, splitternd und eitrig entzündet
➤ Trockene, schuppige Haut mit Juckreiz und wiederkehrenden eitrigen Hautstellen
➤ Kahle Stellen durch Belecken
➤ Ausschläge mit Bläschenbildung
➤ Nässende Ekzeme vor allem zwischen den Zehen
➤ Neigung zu Abszessen (fördert die Reifung von Abszessen, treibt eingedrungene Fremdkörper aus)

Kristallbild von Silicea – dem Stabilisierungsmittel. Es festigt das Bindegewebe und sorgt für dessen Elastizität.

➤ Erhöhte Hautsensibilität mit Neigung zu Selbstverstümmelung
➤ Narbenwucherungen, -verhärtungen und -bruch
➤ Wiederkehrende Narbenschmerzen

Knochen und Gelenke (Bewegungsapparat):
➤ Knochenwachstumsstörungen, Knorpelschäden
➤ Verzögerte Kallusbildung nach Knochenbrüchen
➤ Schwäche des Bewegungsapparates
➤ Verstauchungen, Umknicken der Gelenke durch schwache oder überdehnte Bänder
➤ Muskeln schwach und schlaff, Gliederzittern, unwillkürliche Zuckungen, etwa der Hinterbeine, des Rückens
➤ Lahmheiten bessern sich in Bewegung, verschlimmern sich in Ruhe
➤ Chronische Sehnen- und Sehnenscheidenentzündungen

Herz, Blut- und Kreislauforgane:
➤ Nervöse Herzbeschwerden, Herzrhythmusstörungen
➤ Kaum tastbarer, schwacher, weicher Puls

Atmungsorgane:
➤ Stock- oder Fließschnupfen mit wässrigem, wund machendem Nasenausfluss

➤ Trockene, harte Krusten in oder an der Nase
➤ Halsentzündung mit Heiserkeit und Schmerzen beim Schlucken, geschwollene Mandeln
➤ Reizhusten, trocken, bellend
➤ Verschleppte, langwierige Lungenentzündungen

Verdauungsorgane:
➤ Mundwinkelrhagaden (→ Seite 182)
➤ Abwechselnd Heißhunger und Appetitlosigkeit
➤ Harter, aufgetriebener Bauch mit stinkenden Blähungen und eher wässrigen Durchfällen
➤ Neigung zu Gallengrieß
➤ Analbeutelentzündung mit dünnem, stinkendem Sekret

Harn- und Geschlechtsorgane:
➤ Dunkler, stark riechender Urin
➤ Chronische Blasenentzündung mit unwillkürlichem Harnabgang (Inkontinenz)
➤ Wässriger, wund machender, übel riechender Scheidenausfluss bei Kätzinnen
➤ Verhärtungen im Gesäuge nach Gesäugeentzündungen

Nervensystem:
➤ Nervenreizungen mit unwillkürlichen Zuckungen am Rücken und an den Beinen
➤ Muskelschwund mit Lähmungserscheinungen an den Hinterbeinen
➤ Überempfindlichkeit gegen Berührung
➤ Epileptische Anfälle

Besserung: Durch Wärme und Zudecken (verkriecht sich zum Schlafen unter Umständen immer unter eine Decke), in der Ruhe und nach dem Harnabsatz.

Verschlimmerung: Durch Lärm, grelles Licht, Berührung, bei nassem und kaltem Wetter, bei Witterungswechsel und gegen Abend oder in der Nacht.

Ähnliche Salze
➤ Nr. 1 Calcium fluoratum – Knochenmittel
➤ Nr. 2 Calcium phosphoricum – Stärkungsmittel

➤ Nr. 5 Kalium phosphoricum – Muskel-, Nervenmittel
➤ Nr. 12 Calcium sulfuricum – offene Eiterungen

Bewährte Kombinationen mit Silicea
➤ Nr. 1 Calcium fluoratum, Nr. 2 Calcium phosphoricum: bei Knochenbrüchen
➤ Nr. 2 Calcium phosphoricum: bei schwachen Nerven
➤ Nr. 2 Calcium phosphoricum, Nr. 7 Magnesium phosphoricum, Nr. 8 Natrium chloratum: als Begleitbehandlung bei Allergien
➤ Nr. 9 Natrium phosphoricum: neutralisiert die von Silicea freigesetzten Säuren, etwa bei Harnblasengrieß

Anwendungsempfehlungen
Die beste Wirkung entfaltet Silicea, wenn Sie davon 4 bis 6 Tabletten – wie Nr. 7 Magnesium phosphoricum – in heißem Wasser auflösen (→ Info Seite 124). Es kann zu jeder Tageszeit gegeben werden.
Die D6 fördert und verstärkt akute Eiterungen und wird anfangs alle 10 bis 15 Minuten gegeben. Nach 1/2 bis 1 Tag verabreichen Sie es dann 2- bis 4-mal.
Für chronische Krankheitszustände wird die D12 eingesetzt – 1- bis 3-mal täglich 1 Gabe, manchmal noch seltener. Die Anwendung sollte dann über 2 bis 3 Monate erfolgen, in Fällen von Vernarbungen bis die Veränderung weich geworden ist. Zur Dosierung → Seite 124.

AUF EINEN BLICK

Silicea
Es ist das »Stabilisierungsmittel« der Biochemie. Es gibt dem Bindegewebe Struktur und Festigkeit und kann wuchernde Narben glätten. Es hat zwei Hauptwirkrichtungen:
Zum einen baut es das Bindegewebseiweiß Kollagen auf und ist daher ein hervorragendes Aufbaumittel für fast alle Körpergewebe. Zum anderen wirkt es über die Anregung des Immunsystems auf alle eitrigen Prozesse einschmelzend, sodass sich Abszesse organisieren und nach außen öffnen können.

Nr. 12 – Calcium sulfuricum

Chemie: $CaSO_4$ x 2 H_2O – schwefelsaures Kalzium, Kalziumsulfat, Gips, Alabaster

Vorkommen im Organismus: Vorwiegend in Leber und Galle, aber auch im Knorpel, in Stütz- und Bindegeweben, Muskeln, Herz, Milz, Eierstöcken, Hoden und im Gehirn vorkommend. Es beschichtet alle Innenwände des Körpers, die mit Flüssigkeit zu tun haben; Bestandteil der Aminosäuren (Eiweißbausteine).

Wirkung: Das säurefeste Calcium sulfuricum entfaltet überall dort seine Wirkung, wo entweder Flüssigkeiten am Ein- oder Austreten gehindert werden sollen oder wo Gewebe vor der Einwirkung von Flüssigkeit geschützt werden müssen. Es wirkt schleimlösend und ausscheidungsfördernd, daher ist es ein wichtiges Reinigungs- und Regenerierungsmittel.
Auf Haut, Schleimhaut und Drüsen wirkt es lösend, ausscheidend und entzündungshemmend. Bei allen bereits offenen Eiterungen oder Abszessen fördert es den Abtransport von Eiter und unterstützt die Neubildung von Zellen zur raschen Wiederherstellung von geschädigten Geweben.
Durch Entzug von Wasser baut es abgestorbene rote Blutkörperchen ab. Es kann die Blutgerinnung steigern bei allen inneren und äußeren Blutungen. Es regt die Bildung von Stütz- und Bindegewebe an.
Wird Calcium sulfuricum zusammen mit einem anderen biochemischen Mittel gegeben, etwa zusammen mit Silicea bei Eiterungen und Abszessen, kann es dessen Wirkung noch verstärken – deshalb wird es auch als »Joker« in der Biochemie nach Schüßler bezeichnet.

Mangel: Das beim Menschen typische Mangelzeichen, eine helle, alabasterfarbene Gesichtsfarbe, ist bei der Katze nicht festzustellen, da die Haut durch das Fell hindurch nicht gut zu beurteilen ist. Es besteht eine Neigung zu Eiterungsprozessen selbst bei kleinsten Verletzungen, die sofort desinfiziert worden sind. Folgende Beschwerden können ebenfalls Mangelzeichen sein:

➤ Katarrhe mit dicken, klumpigen, eiterähnlichen Sekreten

➤ Verhärtete, gestaute Drüsen – mit oder ohne Eiterung

➤ Starke Weichteilschwellungen vor allem im Rachen

➤ Unreine Haut mit Pickeln, Pusteln oder Flechten

➤ Chronische Eiterungen von Haut, Mandeln, Nasenneben- und Stirnhöhlen

Bei länger bestehendem Mangel kann es an der Haut zu Bindegewebsschwäche mit gelblichen, klebrigen, schorfbildenden Ausschlägen kommen. Weiterhin neigen Erkrankungen wie rheumatische Beschwerden dazu, bei Mangel an Calcium sulfuricum chronisch zu werden.

Haupteinsatzgebiete beim Menschen: Als das Reinigungsmittel der Biochemie wird Calcium sulfuricum bei allen Krankheiten eingesetzt, die mit offenen Eiterungen einhergehen. Bei folgenden Beschwerden hat es sich bewährt:

➤ Haut- und Schleimhauteiterungen

➤ Alle schlecht heilenden, eiternden Wunden

➤ Chronische rheumatische Erkrankungen, Gicht

➤ Magenschleimhautentzündung, Magengeschwür

➤ Chronische Bronchitis

Feststellbare Mangelzeichen bei Katzen: Eher gedrungene, kräftige, oft langhaarige Katzen, die zu käsig-faulig stinkenden Hautabsonderungen mit schlecht heilenden Hautentzündungen und

INFO

Schüßler Original
»Der Schwefelsaure Kalk ist zwar gegen manche Krankheiten ... mit Erfolg angewendet worden, da er aber ... nicht in die konstante Zusammensetzung des Organismus eingeht, so muß er von der biochemischen Bildfläche verschwinden. Die im Blute und in den Geweben vertretenen anorganischen Stoffe genügen zur Heilung aller Krankheiten, welche ... heilbar sind.«

zu gelblich-eitrigen Bindehautentzündungen neigen, können einen Mangel an Calcium sulfuricum haben. Alle Ausscheidungen sind stinkend, dickflüssig und von gelblich grünlicher Farbe. Katzen neigen zu chronischem Schnupfen mit Beteiligung der Nebenhöhlen und übel riechendem, zum Teil blutig-eitrigem Nasenausfluss, ebenso auch zu eitrigen Mandel-, Nieren- oder Blasenentzündungen. Oft findet man auch eitrige und stinkende Zähne, manchmal mit Fistelbildung unterhalb des Auges. Im Alter neigen solche Katzen zu degenerativen Erkrankungen des Bewegungsapparates mit Knorpelabbau, zu wiederkehrenden Gelenkproblemen und rheumatischen Beschwerden.

Charakter/Verhalten: Katzen, die Calcium sulfuricum brauchen, neigen zu Hyperaktivität, sind wenig ausdauernd, launisch, schnell beleidigt und verlangen übermäßig nach Aufmerksamkeit. Sie sind sehr stark auf ihre Bezugsperson fixiert. Wenn sie allein bleiben müssen, ohne es gewohnt zu sein, reagieren sie schnell mit Protestpinkeln, Kratzen an Polstern und Tapeten oder auch mit exzessivem Putzverhalten. Sie können aber auch reizbar, misstrauisch und streitsüchtig sein. Von einem Moment auf den anderen kann ihre Stimmung wechseln. Ein typischer Vertreter ist der ältere, langhaarige Perserkater, der seine Menschen voll im Griff hat, der zeit seines Lebens immer wieder einmal eitrige Hautentzündungen hatte und im Haus am liebsten die dreckigsten und staubigsten Ecken erkundet. Er frisst gern und viel, hat aber eher eine Abneigung gegen Fleisch und bevorzugt Süßes.

Kopf-bis-Fuß-Schema
Augen und Ohren:
➤ Augenbindehautentzündung mit zähem, gelbem Eiter
➤ Chronische Ohrenentzündungen mit zähem, gelbem, stinkendem Ohrenausfluss
➤ Gehörgang durch Schwellung fast völlig verlegt
Haut und Haarkleid:
➤ Alle Ausschläge klebrig, schorfbildend, wund ma-

chend, stinkend, mit dickem, gelbem Eiter und gelblichen oder grünlichen Krusten
➤ Alle Hautverletzungen neigen zu Eiterung
➤ Hartnäckige eitrige Krallenbettentzündungen
➤ Wiederkehrende Haarbalgentzündungen
➤ Feline Akne am Kinn
➤ Krustige und klebrige Ekzeme, Schorfbildung, Flechten
➤ Abszesse, aufgebrochene Hauteiterungen

Knochen und Gelenke (Bewegungsapparat):
➤ Knochenanomalien, Knochenwachstumsstörungen
➤ Neigung zu Knocheneiterungen
➤ Schlechte Heilungstendenz nach Knochenbruch mit Gefahr der Knochenvereiterung
➤ Degenerative Gelenkerkrankungen mit Knorpeldefekten
➤ Wiederkehrende Gelenkentzündungen
➤ Rheumatische Beschwerden vor allem der Muskulatur, die verstärkt bei Wetterwechsel auftreten
➤ Knochenschwund

Kristallbild von Calcium sulfuricum – einem wichtigen Reinigungsmittel mit besonderem Bezug zu Haut und Schleimhäuten.

Atmungsorgane:
➤ Neigung zu Katarrhen mit dickem, schleimigem, klumpigem, eitrigem, weißgelbem bis gelbgrünem Sekret
➤ Chronischer Schnupfen mit stinkendem, gelblichem, zähem Auswurf, verstopfte Nase
➤ Stirn- und Kieferhöhlenentzündungen und -vereiterungen
➤ Chronisch-eitrige Hals-, Rachen- und Mandelentzündungen
➤ Eitrige Bronchialkatarrhe, Lungenentzündungen mit reichlich schleimig-eitrigem Auswurf

Verdauungsorgane:
➤ Stinkende Vereiterungen im Bereich der Zähne und Kieferknochen, zum Teil mit Knochenfisteln
➤ Chronische Zahnfleischentzündung mit faulig stinkendem Mundgeruch und Zahnfleischbluten
➤ Magengeschwüre mit Magenschleimhautdefekten
➤ Leberfunktionsstörungen, Störungen in der Entgiftung des Körpers
➤ Chronischer Durchfall mit schleimigem und stinkendem Kot

Harn- und Geschlechtsorgane:
➤ Blasen-, Nieren-, Nierenbeckenentzündung mit gelblich-schleimigen Beimengungen im Urin, stark stinkend
➤ Verminderte Urinmenge
➤ Chronisch eitrige Gebärmutterentzündung mit stark stinkendem gelbgrünem Ausfluss
➤ Chronische eitrige und stinkende Gesäugeentzündung

Nervensystem:
➤ Schlaflosigkeit, nächtliches Umherwandern
➤ Zuckungen durch unwillkürliche Nervenaktionen
➤ Neigung zu Aggressivität

Besserung: Bei stabilen Temperatur- und Wetterverhältnissen im Freien; Wärme, sandige, trockene und von der Sonne beschienene Liegeplätze und alle Maßnahmen, die den Organismus kräftigen, wie zum Beispiel Nahrungsergänzungsmittel, Vitamine, Mineralstoffe usw., führen ebenfalls zu einer Besserung.

Verschlimmerung: Bei extremen Temperaturunterschieden, das heißt bei großer Hitze oder großer Kälte; auch psychische Faktoren, wie übermäßiger Druck oder Angstgefühle, können zu einer Verschlimmerung führen.

Ähnliche Salze
➤ Nr. 6 Kalium sulfuricum – Entgiftung
➤ Nr. 9 Natrium phosphoricum – Entsäuerung
➤ Nr. 10 Natrium sulfuricum – Ausscheidung
➤ Nr. 11 Silicea – Bindegewebe, Stabilisierung

Bewährte Kombinationen mit Calcium sulfuricum

➤ Nr. 4 Kalium chloratum: zur Ausleitung von Eiter

➤ Nr. 9 Natrium phosphoricum: bei Magengeschwüren mit Übersäuerung

➤ Nr. 11 Silicea: bei Abszessen und Eiterungen – Silicea baut ab, Calcium sulfuricum sorgt für den Abtransport – sollte immer abwechselnd gegeben werden

➤ Nr. 6 Kalium sulfuricum, Nr. 7 Magnesium phosphoricum, Nr. 10 Natrium sulfuricum: zur Regeneration von geschädigten Geweben

Anwendungsempfehlungen

Auch wenn Dr. Schüßler dieses Salz zunächst wieder aus dem biochemischen Arzneimittelschatz gestrichen hatte, so haben es seine Nachfolger schnell wieder in die Biochemie integriert.

Bei akut auftretenden Eiterungen sollten Sie das Mittel nur in der D12 einsetzen, um extreme Reaktionen des Organismus zu vermeiden. Es wird dann einige Tage lang bis zu 6-mal täglich verabreicht, bis die Eiterung abgeklungen ist. Meist wird Calcium sulfuricum als Regenerationsmittel eingesetzt – bei akuten Zuständen bis zu 6-mal täglich in der D6. Häufig wird es bei chronischen Problemen angewendet – 2-bis 3-mal täglich in der D12 über längere Zeit, das heißt über 2 bis 3 Monate. Zur Dosierung → Seite 124.

AUF EINEN BLICK

Calcium sulfuricum

Es ist das »Reinigungs- und Regenerierungsmittel« der Biochemie. Bei eitrigen Prozessen wirkt es austreibend, wenn bereits ein Abfluss nach außen besteht. Als Salz für die Gelenke ist es an der Bildung von Binde- und Stützgewebe beteiligt. Bei allen eitrigen Erkrankungen, die mit dicken, zähen, gelblichen bis grünlichen, stinkenden Absonderungen einhergehen – insbesondere bei Haut- und Schleimhauteiterungen –, sollte Calcium sulfuricum gegeben werden.

DIE ZWÖLF ERGÄNZUNGSMITTEL

Im Lauf der Entwicklung der Schüßler-Salze-Therapie nach dem Tod von Dr. Schüßler wurden 12 sogenannte Ergänzungsmittel eingeführt. Es sind Kombinationen und

NR. 13 KALIUM ARSENICOSUM – KALIUMARSENIT

Kalium arsenicosum hat eine besondere Beziehung zur Haut und wird eingesetzt bei chronischen Hauterkrankungen, bei Schwächezuständen und Abmagerung.

NR. 14 KALIUM BROMATUM – KALIUMBROMID

Kalium bromatum hat einen Bezug zu Haut und Nervensystem, reguliert den Schlaf-Wach-Rhythmus, wirkt beruhigend, entzündungshemmend auf Haut und Schleimhäute.

NR. 15 KALIUM JODATUM – KALIUMJODID, JODKALIUM

Kalium jodatum hat eine besondere Beziehung zur Schilddrüse, es wirkt regulierend bei Über- und Unterfunktion der Schilddrüse.

NR. 16 LITHIUM CHLORATUM – LITHIUMCHLORID

Lithium chloratum hat einen Bezug zu rheumatischen Erkrankungen, wirkt Erschöpfung entgegen und verbessert die Leistungsfähigkeit des Immunsystems.

NR. 17 MANGANUM SULFURICUM – MANGANSULFAT

Manganum sulfuricum hat einen Bezug zur Bildung des roten Blutfarbstoffs (Hämoglobin) und kann zur Blutbildung eingesetzt werden.

NR. 18 CALCIUM SULFURATUM – KALZIUMSULFID

Calcium sulfuratum hat eine besondere Beziehung zu Haut, Schleimhäuten, Drüsen- und Muskelsubstanz. Es wirkt bei hartnäckigen Eiterungen.

Substanzen, die nur in sehr geringen Mengen im Körper auftreten und die Dr. Schüßler noch nicht kannte. Sie sollen demnach auch nur niedrig dosiert gegeben werden.

NR. 19 CUPRUM ARSENICOSUM – KUPFERARSENIT

Cuprum arsenicosum hat einen Bezug zum Nervensystem und zu den Nieren. Es kann eingesetzt werden bei Nervenschmerzen, Muskelkrämpfen und Nierenerkrankungen.

NR. 20 KALIUM ALUMINIUM SULFURICUM – KA-AL-SULFAT

Kalium-Aluminium sulfuricum hat einen Bezug zum Magen-Darm-System und zum Gehirn. Es wird verordnet bei Verstopfungs- und Blähungskoliken und Nervenkrankheiten.

NR. 21 ZINCUM CHLORATUM – ZINKCHLORID

Zincum chloratum hat Bezug zum Wachstum, zu zahlreichen Stoffwechselvorgängen und zum Gehirn. Es wirkt bei belastetem Stoffwechsel und bei Nervenkrankheiten.

NR. 22 CALCIUM CARBONICUM – KALZIUMKARBONAT

Calcium carbonicum hat einen Bezug zu Knochen und zum vegetativen System. Es kann bei Erschöpfungszuständen und bei chronischen Schleimhautkatarrhen helfen.

NR. 23 NATRIUM BICARBONICUM – NA-BIKARBONAT

Natrium bicarbonicum hat einen Bezug zum Säure-Basen-Gleichgewicht im Organismus. Es aktiviert den Stoffwechsel und die Bauchspeicheldrüse.

NR. 24 ARSENUM JODATUM D 12 – ARSENTRIJODID

Arsenum jodatum hat einen Bezug zu serösen (→ Seite 183) Häuten der Lymphdrüsen, der Lunge und der Haut. Es wirkt bei nässenden Ekzemen und bei Lungenkrankheiten.

Behandlung mit Schüßler-Salzen

In diesem Kapitel erfahren Sie, wie die biochemischen Präparate angewendet und verabreicht werden und welche ergänzenden Maßnahmen es gibt. Mithilfe der Fallbeispiele finden Sie das richtige Schüßler-Salz für Ihre Katze.

Verabreichen der Schüßler-Salze

Die Schüßler-Salze sollten intensiv auf die Mund-schleimhaut einwirken können. Einem Menschen sagt man, dass er die Mineralsalztabletten im Mund zerge-hen lassen soll. Bei der Katze müssen Sie sich schon etwas einfallen lassen.

Wichtig: Vermeiden Sie beim Verabreichen Stress für die Katze. Hier sind Fantasie, Geschick und Improvi-sationstalent gefragt.

Möglichkeiten, wie Sie vorgehen können

➤ Optimal ist es, die milchzuckerhaltigen Tabletten in etwas lauwarmem Wasser aufzulösen und die Lösung mit einer kleineren Einmalspritze (ohne Nadel) direkt ins Mäulchen zu geben. Zum Umrühren sollte ein Plas-tik- oder Holzlöffel verwendet werden. Der Milchzucker als Trägersubstanz setzt sich als weißer Bodensatz ab, doch kann der Inhalt der Spritze mehrmals aufgeschüt-telt werden. Vertragen Katzen keinen Milchzucker, soll-ten milchzuckerfreie biochemische Präparate gegeben werden. Fragen Sie in der Apotheke danach.

➤ Wenn Sie die Tabletten mit einem Leckerbissen ver-abreichen möchten, dann eignen sich dazu solche Lebensmittel gut, die von der Katze aufgeleckt werden müssen, wie zum Beispiel Butter, Streichwurst oder Streichkäse. Zerstoßen Sie die Tablette zu Pulver, mi-schen Sie das Pulver unter den Leckerbissen und strei-chen Sie das Ganze auf einem Unterteller aus.

➤ Es ist auch möglich, die Tabletten in Wasser aufgelöst unter eine kleine Portion Nassfutter zu mischen oder unter etwas, das die Katze gut verträgt, sehr mag und sonst nur selten bekommt, wie etwa Sahne, Quark, Jo-ghurt, Hähnchenfleisch oder gedünsteten Fisch. Ihrer Fantasie sind hier kaum Grenzen gesetzt.

Will eine Katze die Tabletten trotz mehrerer Versuche nicht einnehmen, dann sollten Sie die Auswahl der Prä-parate nochmals kritisch überdenken. Vielleicht braucht sie ja andere als die ausgewählten Salze.

Häufigkeit der Gabe

Je akuter und heftiger Beschwerden auftreten, desto häufiger sollten Sie die biochemischen Mittel geben. Anfangs werden sie alle 10 bis 15 Minuten verabreicht, so lange, bis eine Besserung erkennbar ist. Fühlt sich die Katze wieder wohler, geben Sie die Mittel seltener – alle Stunde bis alle 4 Stunden eine Gabe. Sobald die Beschwerden ganz verschwunden sind, setzen Sie die Mittel ab. Verschlimmern sich Beschwerden während der Gabe von Schüßler-Salzen weiter, sollten Sie Ihre Katze unbedingt zum Tierarzt bringen.

Bei schon lange Zeit bestehenden Gesundheitsstörungen werden die biochemischen Mittel 1-bis 3-mal täglich verabreicht – meist über einen längeren Zeitraum. Bei chronischen Erkrankungen ist es wichtig, die Katze im Abstand von 2 bis 3 Monaten vom Tierarzt untersuchen zu lassen. Lebensnotwendige Medikamente wie Herz- oder Schilddrusentabletten, die vom Tierarzt verordnet wurden, dürfen auf keinen Fall ohne Rücksprache mit ihm einfach durch Schüßler-Salze ersetzt werden. Es ist aber möglich, parallel zu schulmedizinischen Medikamenten biochemische Präparate zu verabreichen.

1 *Am einfachsten ist es, der Katze die Schüßler-Salze pulverisiert und in Sahne aufgelöst zu verabreichen.*

2 *Einen optimalen Kontakt der Schüßler-Salze mit der Mundschleimhaut erreichen Sie durch die direkte Eingabe.*

Dosierung der Schüßler-Salze bei der Katze

Von der zierlichen Siamkatze bis zur imposanten Maine Coon reicht die Spannweite an verschiedenen Katzenrassen weltweit. Dass die Schüßler-Salze bei den ganz Kleinen geringer dosiert werden können als bei den ganz Großen, ist vermutlich einsichtig, denn dazwischen liegt eine Spanne von bis zu 8 kg Gewichtsunterschied.

Dosierungsrichtlinien zur Orientierung

Kätzchen (unter 500 g)	¼	Tablette
Jungtier (unter 1,5 kg)	½	Tablette
Erwachsene Katze (über 2–6 kg)	1	Tablette
Große Katzenrasse (über 6 kg)	1½	Tabletten

Wird in diesem Ratgeber geschrieben, der Katze eine Dosis eines bestimmten Salzes zu geben, so sind damit die oben genannten Dosierungsrichtlinien gemeint.

Abweichungen in der Dosierung nach oben oder unten sind natürlich möglich – bei den Schüßler-Salzen gibt es keine so exakte Beziehung zwischen Dosis und Wirkung wie bei den schulmedizinischen Präparaten. Therapeuten, die mit Schüßler-Salzen arbeiten, stellen oft Individualtherapien für ihre Katzenpatienten zusammen.

INFO

Die »Heiße 7«

Wollen Sie bei Krämpfen, Koliken und Verspannungen im Bauch- oder Rückenbereich eine rasche Linderung erzielen, lösen Sie 4 bis 6 Tabletten Nr. 7 Magnesium phosphoricum in einem halben Glas mit sehr heißem Wasser auf, rühren mit einem Plastiklöffel um und geben der Katze alle 2 bis 5 Minuten am besten mit einer Plastik-Einmalspritze ohne Nadel oder einer Plastikpipette einen nicht zu heißen Schluck ins Mäulchen, bis sich ihre Beschwerden gebessert haben.

Geben Sie mehrere Salze gleichzeitig, empfiehlt es sich, vom einzelnen Salz eine geringere Dosierung zu geben.

»Notfallbehandlung«

Bei plötzlich und heftig auftretenden Beschwerden wie zum Beispiel Krämpfen, Erbrechen oder Durchfall können Sie 4 bis 6 Tabletten des ausgewählten Salzes in einem halben Glas heißen Wassers auflösen und noch warm mit einer Plastik-Einmalspritze ohne Nadel schluckweise ins Mäulchen geben. Innerhalb von 10 bis 15 Minuten sollten Sie bereits eine leichte Besserung der Beschwerden feststellen. Nach 30 Minuten können Sie nochmals 4 bis 6 Tabletten in heißem Wasser auflösen und wieder schluckweise eingeben. Sind Sie sich unsicher, sollten Sie auf jeden Fall von Ihrem Tierarzt abklären lassen, ob eine schwere Erkrankung vorliegt. **Kennzeichnend für die Notfallbehandlung** ist, dass man sehr hohe Dosen eines einzigen Salzes in kurzen Abständen verabreicht und die Beschwerden schon nach 1 bis 2 Gaben einer hohen Dosis des passenden Schüssler-Salzes wesentlich gebessert oder verschwunden sind.

Kurzzeittherapie

Bei akuten Problemen, die erst mehrere Stunden bis wenige Tage bestehen, geben Sie zunächst alle 10 bis 15 Minuten eine Dosis des ausgewählten Salzes – meist für einen Zeitraum von 1 bis 3 Stunden. Innerhalb der ersten Stunden sollte bereits eine Besserung des Problems erkennbar sein. Danach geben Sie für die nächsten 1 bis 3 Stunden alle 30 Minuten eine Gabe. Wenn eine weitere Besserung eintritt, können Sie den Abstand auf 2 bis 4 Stunden zwischen den einzelnen Gaben ausdehnen. Während der Nacht darf eine längere Pause von 6 bis 8 Stunden eingelegt werden.

Wenn sich das Problem am ersten Behandlungstag bereits gut gebessert hat, geben Sie ab dem zweiten Tag für etwa 2 bis 4 Tage 4- bis 6-mal täglich eine Dosis. Ist nach 4 Tagen das Problem bereits völlig verschwunden, empfiehlt es sich, das Salz für weitere 3 bis 4 Tage 2- bis 3-mal täglich zu verabreichen, um den noch labilen Gesundheitszustand zu stabilisieren.

Kennzeichnend für die Kurzzeittherapie ist, dass man höhere Dosen von einem oder zwei Salzen in kürzeren Abständen verabreicht und die Beschwerden erst nach 2 bis 4 Tagen verschwunden sind.

Langzeittherapie

Schüßler-Salze eignen sich hervorragend zur Langzeittherapie. Das gilt vor allem für chronische Probleme oder für solche, die in mehr oder weniger regelmäßigen Abständen immer wieder auftreten, wie etwa Erkältungskrankheiten bei nasskaltem Wetter.

Je länger ein Problem besteht, desto länger dauert es auch, bis es wieder in Ordnung ist. Als Faustregel gilt, dass ein krankes Tier so lange zum Gesundwerden braucht, wie es schon krank ist.

Bei der Langzeittherapie erhalten Katzen 1- bis 3-mal täglich eine Gabe der Richtdosierung eines oder mehrerer unterschiedlicher Schüßler-Salze über einen durchgehenden Zeitraum von 4 bis 8 Wochen.

Kennzeichnend für eine Langzeittherapie ist die seltenere Gabe der Richtdosierung über einen Zeitraum von mehr als 4 Wochen.

Dauertherapie

Bei sehr alten Tieren oder bei chronischen Erkrankungen, bei denen Organe oder Gewebe im Organismus irreversibel geschädigt sind, können die biochemischen Mittel als Dauertherapie verabreicht werden. Da sich die Verhältnisse im Organismus laufend ändern, Stoffe auf-, um- oder abgebaut werden und man den Speicher eines Salzes nach einer Gabe von 6 bis 8 Wochen in der Regel aufgefüllt hat, sollte man nach 2 bis 3 Monaten überprüfen, ob die Katze andere Schüßler-Salze braucht.

Bei der Dauertherapie erhält die Katze 1- bis 2-mal täglich eine Dosis eines oder mehrerer Salze über lange Zeit.

Kennzeichnend für die Dauertherapie ist, dass ein oder mehrere Schüßler-Salze in der Richtdosierung oder geringer dosiert 1- bis 2-mal täglich gegeben werden und erst dann gewechselt wird, wenn sich die bestehenden Probleme verändern.

Anzahl der Salze

Man kann mehrere verschiedene Salze miteinander kombinieren. Manche Salze ergänzen sich, zum Beispiel die Knochensalze Nr. 1 Calcium fluoratum und Nr. 2 Calcium phosphoricum. Bei Harngrieß und Blasensteinen bietet sich die Kombination von Nr. 9 Natrium phosphoricum und Nr. 11 Silicea an.

Nach meiner Erfahrung sollten nicht mehr als 3 Salze auf einmal verabreicht werden. In Fällen, in denen Sie bei der Auswahl auf mehr als 3 Salze für Ihr Tier gekommen sind, können Sie die 3 wichtigsten zuerst für 3 bis 4 Wochen geben, danach diejenigen, die noch zusätzlich infrage gekommen sind. Nach diesen 6 bis 8 Wochen bestimmen Sie bei Bedarf neu, welche Schüßler-Salze dann gebraucht werden. Dagegen ist es kein Problem, morgens andere Schüßler-Salze als mittags oder abends zu verabreichen. Bei manchen Salzen ist es sogar von Vorteil, sie bei bestimmten Problemen zu bestimmten Tageszeiten zu verabreichen, wie zum Beispiel morgens Salze, die auf Niere und Blase wirken, und mittags solche, die die Leber unterstützen.

INFO

Potenzierung
Homöopathika werden nach dem von Hahnemann entwickelten Verfahren mit Wasser und Alkohol verdünnt und rhythmisch verschüttelt (= potenziert). Das kann in Verdünnungsschritten von 1:10 (1 Teil Substanz auf 9 Teile Verdünnungsmittel, Dezimalpotenz, Abkürzung »D«) oder 1:100 (1 Teil Substanz auf 99 Teile Verdünnungsmittel, Centesimalpotenz, Abkürzung »C«) erfolgen.

ERGÄNZENDE MASSNAHMEN

Es kann notwendig sein, zusätzlich zur Behandlung mit Schüßler-Salzen weitere Maßnahmen zu ergreifen, damit es der Katze bald besser geht. Teilweise können Sie diese Maß-

ERNÄHRUNGSUMSTELLUNG/DIÄT

Bei Magen-Darm-, Leber-, Nieren- oder Blasengrießerkrankungen ist es oft unumgänglich, die Katze zusätzlich zur Behand-

lung mit einer speziellen Diät – manchmal lebenslang – zu ernähren. Optimal ist die frische Zubereitung nach einem Diätplan. Zusätzlich gibt es beim Tierarzt eine ganze Reihe hochwertiger Spezialdiäten.

MASSAGE

Bewegt sich eine Katze nur wenig, kommt es schnell zu Verspannungen und Muskelschwund. Eine sanfte Massage von Rücken und Beinen wird ihr guttun. Manche Katzen können nicht genug bekommen, wenn man sie sanft massiert. Ein erfahrener Tierarzt oder Physiotherapeut gibt Ihnen gern entsprechende Anleitung.

BADEBEHANDLUNG

Bei Hauterkrankungen und Veränderungen des Haarkleides, insbesondere beim Fettschwanz der Perserkatzen, helfen re-

gelmäßige Waschungen mit einem medizinischen Shampoo, wenn die Katze das toleriert. Ihr Tierarzt wird das vorliegende Hautproblem analysieren und Ihnen ein wirksames Shampoo empfehlen.

nahmen selbst zu Hause durchführen, teilweise ist dazu auch ein erfahrener Therapeut notwendig. Bei welchen Problemen welche Maßnahmen sinnvoll sind, erfahren Sie hier.

PHYSIOTHERAPIE

Bei alten Katzen oder nach Unfällen treten Veränderungen am Bewegungsapparat auf, die Katze geht lahm. Physiotherapeu-

tische Maßnahmen, etwa passive Bewegungsübungen, können ihr helfen, wieder ein normales Bewegungsmuster aufzubauen. Der Fachmann wird Ihnen nach eingehender Untersuchung einen Behandlungsplan aufstellen.

MAGNETFELDTHERAPIE

Viele Erkrankungen können über die Aktivierung des Immunsystems, des Hormonhaushaltes oder der Ausscheidungsorgane durch eine Magnet-

feldtherapie behandelt werden. Sie sollte auf jeden Fall nur von einem Fachmann und erst nach vorheriger eingehender Untersuchung des Patienten durchgeführt werden.

AKUPUNKTUR/AKUPRESSUR

Als Teilbereich der traditionellen chinesischen Medizin wird die Akupunktur heute oft zur Schmerzbehandlung eingesetzt.

Besonders wichtig dafür ist ein gut ausgebildeter Therapeut. Sie können diese Behandlung nach Anweisung des Therapeuten zu Hause wirkungsvoll durch die Massage von Akupunkturpunkten (Akupressur) unterstützen.

Zum richtigen Salz bei der Katze finden

Für den Tierhalter ist es oft schwierig, anhand der Vielzahl von Veränderungen oder Symptomen, die bei den einzelnen Salzen dargestellt wurden, das richtige Schüßler-Salz auszuwählen. Bei Beschwerden, die auf den ersten Blick ganz ähnlich sind, können unterschiedliche Salze eingesetzt werden. Da hilft es, einen ganz konkreten Fall bildlich vor Augen zu haben. Nachfolgend schildere ich anhand von typischen Fallbeispielen, wie die Auswahl erfolgt ist, warum welches Salz verordnet wurde und wie die Behandlung verlief. Dabei geht es vorwiegend um Probleme, die der Tierhalter mit etwas Wissen und Erfahrung selbst behandeln kann.

Oft genug kommt es vor, dass nicht ein Salz allein gegeben wird, sondern bis zu drei Salze zusammen – vor allem bei Problemen, die bereits längere Zeit bestehen. Manchmal beginnt man mit einem Salz und behandelt erst bei Veränderung der Symptome mit einem anderen Salz weiter. Hier kann es sinnvoll sein, einen Katzenhalter aus dem Freundeskreis zu bitten, die Katze alle zwei bis drei Wochen einmal genauer zu beobachten. Hat man die Katze jeden Tag um sich, fallen kleine Veränderungen kaum auf. Sieht jemand die Katze zwei bis drei Wochen nicht, fallen sie ihm eher auf.

Auch die Behandlung eines akut erkrankten Tieres gestaltet sich anders als die eines chronisch kranken Patienten. Wenn Sie nicht so recht wissen, wo das Problem sitzt, sollten Sie Ihre Katze zuerst von einem Tierarzt untersuchen lassen, bevor Sie Medikamente geben. Die nachfolgenden Fallbeispiele zeigen typische Anwendungsgebiete und Symptome auf, die man beim entsprechenden Salz findet.

Nr. 1 – Calcium fluoratum D12

Das »Knochenmittel« Calcium fluoratum wird für den Aufbau von Knochen, Sehnen und Bändern benötigt und kommt deshalb oft bei Jungtieren zum Einsatz.

Aber auch bei alten Tieren mit degenerativen Veränderungen kann es Linderung schaffen.

Fallbeispiel

Max und Moritz sind zwei junge Katzen von einem Bauernhof, auf dem viele Katzen leben. Sie werden im Alter von 3 Monaten von ihren Besitzern in der Praxis vorgestellt. Sie stürzen sich mit Heißhunger auf ihr Futter, sind insgesamt eher mager, haben aber trotzdem dicke Bäuche und sind noch nie entwurmt worden.

Kalzium ist für gesunde Knochen und Gelenke wichtig – damit die Katze auch im Alter noch unbeschwert turnen kann.

Beide sind zwar bereits groß gewachsen, aber so dünn, dass die Rippen zu sehen sind, während der Bauch sich prall und kugelig hinter dem Rippenbogen vorwölbt. Mit ihren dünnen Beinchen stehen sie recht wacklig auf dem Boden, hinten haben sie sogar ausgeprägte X-Beine. Auf dem Fliesenboden wollen sie erst gar nicht recht laufen, sondern suchen eine Ecke, in die sie sich verkriechen können. Sie legen sich schnell gemeinsam unter den Schreibtisch und beobachten das Behandlungszimmer von dort aus mit großen Augen.

Bei der eingehenden Untersuchung fällt auf, dass die Halslymphknoten verdickt sind, aber nicht schmerzen. Das Bäuchlein ist gespannt, und sie haben immer wieder einmal Durchfall und Blähungen.

Behandlung: Beide werden entwurmt und bekommen für 8 Wochen Calcium fluoratum D12 und Calcium phosphoricum D6 – 2-mal täglich je 1/2 Tablette; die Fütterung wird zunächst einmal umgestellt auf Magen-Darm-Schonkost.

Bereits nach 4 Wochen haben Max und Moritz deutlich zugenommen, sind bereits stabiler auf den Beinen, und die Rippen sind nicht mehr zu sehen.

Nr. 2 – Calcium phosphoricum D6

Das »Stärkungsmittel« Calcium phosphoricum ist am Aufbau von körpereigenem Eiweiß beteiligt und wird bei verlangsamtem Wachstum, bei Schwäche oder auch bei Abmagerung eingesetzt.

Fallbeispiel

Pedro ist ein kleines Perserkaterchen, das die Züchterin erst mit zwölf Wochen an seine Besitzer abgab, da es das Kleinste im Wurf war. Erst nach einigen Tagen in der neuen Umgebung flüchtete es nicht mehr bei jedem lauteren Geräusch in seine Kuschelhöhle. Die neuen Besitzer stellen es in der Praxis vor, weil es beim Spielen nach wenigen Minuten bereits völlig erschöpft ist.

Der kleine Kater sieht aus wie ein Wollknäuel, doch unter dem langen Fell sind überall die Knochen zu fühlen. Für sein Alter ist er zu leicht und in der Entwicklung etwas zurückgeblieben. Der Zahnwechsel hat noch nicht begonnen. Sein Gang wirkt ungelenk, die Beine scheinen ihm beim Laufen immer wieder wegzurutschen. Auch das Klettern am Kratzbaum zu Hause macht Probleme, er fällt immer wieder einmal herunter. Bei der Untersuchung des Bewegungsapparates kann allerdings nichts Krankhaftes gefunden werden.

Im Schlaf zittert Pedro oft am ganzen Leib und scheint auch zu frieren, denn seine Ohren sind immer kalt. Nachts wacht er auf und schreit nach seiner Mutter.

Behandlung: Er bekommt Calcium phosphoricum D6 – 2-mal täglich 1/4 Tablette – verordnet bis zum Abschluss des Zahnwechsels. Bei der Kontrolluntersuchung nach vier Wochen hat er gut zugenommen, ist nicht mehr so knochig und beim Spielen ausdauernder. Momentan ist er mitten im Zahnwechsel.

Weitere acht Wochen später hat sich Pedro zu einem kleinen Tiger gemausert, vor dem in der Wohnung nichts mehr sicher ist. Auch wenn er beim Hochspringen immer wieder einmal abstürzt, wodurch mancher Blumentopf zu Bruch geht, ist Pedro insgesamt doch wesentlich stabiler geworden.

Nr. 3 – Ferrum phosphoricum D12

Das »Entzündungsmittel« Ferrum phosphoricum wird als Anfangsmittel bei allen Infektionskrankheiten eingesetzt, in dem Stadium, in dem die Katzen noch keine typischen Symptome zeigen. Auch bei frischen Wunden und Prellungen kann es die Schmerzen lindern.

Fallbeispiel

Sammy ist eine sehr lebhafte 8-jährige Siamkatze, die in der Wohnung lebt. Bei schönem Wetter darf sie auf den mit einem Netz gesicherten Balkon. Dort sitzt sie gern stundenlang zwischen den Blumenkübeln in der Sonne. Seit mehreren Jahren neigt sie vor allem im Herbst und Winter zu Erkältungen und Halsentzündungen.

Es fängt immer damit an, dass sie sich ständig die Nase mit den Pfoten putzt und ihre gewohnte Spielstunde abends vergisst. Sie rast dann nicht wie gewöhnlich über die Polstermöbel, sondern verkriecht sich auf dem Sofa unter einer Decke. Phasenweise ist sie sehr verschmust, im nächsten Augenblick sehr empfindlich. Das Anfassen wird dann mit Fauchen quittiert. Will man sie hochnehmen, faucht sie und fährt drohend die Krallen aus.

1 *Fit von Klein auf: Nr. 2 Calcium phosphoricum D6 hilft schwachen Kätzchen beim Wachsen und Gedeihen.*

2 *Niesen? Nr. 3 Ferrum phosphoricum D12 ist das »Akutmittel« für alle Infekte mit unspezifischen Symptomen.*

Behandlung: Da Sammy in den letzten Jahren mehrmals eine schwere fiebrige Rachenentzündung hatte, bekommt sie inzwischen bereits dann, wenn sie auf ihre Spielstunde verzichtet, gleich mehrmals im Abstand von 10 bis 15 Minuten eine Tablette Ferrum phosphoricum D12. Am folgenden Tag bekommt sie dann noch 4- bis 6-mal über den Tag verteilt eine Tablette Ferrum phosphoricum D12, danach noch für 5 bis 6 Tage 2- bis 3-mal täglich eine Tablette. Am liebsten nimmt Sammy die Tabletten in etwas Wasser aufgelöst und unter einen Teelöffel Sahne gemischt.

So überstand sie den letzten Herbst ganz gut. Sie musste nur einmal zum Tierarzt, als sie tagelang nichts fressen wollte. Sie hatte eine schwere Halsentzündung mit eitrigen Mandeln und brauchte ein Antibiotikum.

Nr. 4 – Kalium chloratum D6

Das »Schleimhautmittel« Kalium chloratum wird eingesetzt, wenn es für Nr. 3 Ferrum phosphoricum bereits zu spät ist, das heißt, wenn eine Entzündung an den Schleimhäuten vor allem im Hals-, Nasen- und Rachenbereich schon mit weißlichem Ausfluss und deutlichen Krankheitsanzeichen einhergeht.

Fallbeispiel

Moritz ist ein eher träger und stark übergewichtiger 12-jähriger Kater, der mit zwei anderen Katzen und seinen Besitzern eine Wohnung teilt. Gibt es etwas Leckeres zu fressen, entwickelt er erstaunliche Aktivitäten und ist der Erste am Futternapf. Autofahren und die Trans-

Achtung, Schnupfenzeit! Kalium chloratum lindert bei chronischem Katzenschnupfen, wenn es lange Zeit gegeben wird.

portbox hasst er. Nur mit vielen Tricks ist er in die Box zu bekommen, wenn er zum Tierarzt muss.

Moritz war lange Zeit im Tierheim. Niemand wollte ihn wegen seines chronischen Schnupfens haben. Sein Fell war struppig und glänzte kaum. Er wollte weder schmusen noch spielen. Am liebsten saß er zurückgezogen in einer Katzenhöhle. Wenn sich jemand näherte, fauchte er. Seine jetzigen Besitzer wählten ihn aus Mitleid aus. Sie kümmern sich nun schon seit Jahren gewissenhaft um ihn, denn immer wieder einmal ist er krank. Zusätzlich zu seinem Schnupfen hat er sehr schlechte Zähne – es mussten bereits mehrere in Narkose gezogen werden. Geht es ihm gut, verlangt er vehement nach Futter, daher auch sein Übergewicht.

Behandlung: Im Frühjahr und Herbst wird der Schnupfen regelmäßig eitrig, und der Kater frisst nichts mehr, sodass er mit starken Antibiotika und Schleimlösern behandelt werden muss. Parallel dazu bekommt er etwa 6 Wochen lang 3-mal täglich eine Tablette Kalium chloratum D12. Anfangs war es nicht leicht, ihm die Tabletten zu verabreichen, doch inzwischen hat er sich daran gewöhnt, dass er sie – in Wasser aufgelöst – mit einer kleinen Einmalspritze direkt ins Mäulchen bekommt. Es dauert immer recht lange, bis sein Schnupfen wieder so weit ausgeheilt ist, dass er nur noch ab und zu niest und ganz leicht röchelt. Vermutlich hat er Verwachsungen der Nasenscheidewand und Polypen, die sich nicht mehr zurückbilden können. Dadurch sind die Nasenschleimhäute empfindlich und entzünden sich leicht. Deshalb bekommt er mehrmals im Jahr – immer dann, wenn beim Niesen weißlicher, zäher Schleim aus der Nase kommt – für 4 bis 6 Wochen 2-mal täglich eine Tablette Kalium chloratum D12, bis nur noch kleine klare Tröpfchen aus der Nase kommen.

Gerade bei chronisch kranken Tieren wie Moritz sind bestimmte Körperstrukturen irreversibel zerstört. Deshalb ist eine völlige Heilung oft nicht mehr zu erreichen. Wichtig ist in solchen Fällen, die Tiere genau zu beobachten und regelmäßig zu behandeln, um ihren Gesundheitszustand stabil zu halten.

Nr. 5 – Kalium phosphoricum D6

Das »Muskel- und Nervenmittel« Kalium phosphoricum wirkt auf alle Arten von Schwächezuständen kräftigend. Bei Fäulnisprozessen im Körper und eitrigen Entzündungen hat es eine antiseptische Wirkung.

Fallbeispiel

Tiger ist ein hochbeiniger, rot-weiß getigerter, kastrierter Kater, der schon einige Male mit Verletzungen nach Hause gekommen ist. Trotzdem ist er nachts nicht drinnen zu halten. Morgens kommt er erschöpft nach Hause und schläft erst einmal, bevor er an sein Futter geht. Im Winter liegt er am liebsten auf dem Kachelofen.

Wenn er krank wird, zieht er sich zurück und will nicht mehr schmusen oder spielen. Bei Verletzungen reagiert er schnell mit hohem Fieber, die Wunden werden eitrig und stinken faulig, und er frisst nichts mehr.

Bereits mit zwei Jahren wird anlässlich der Behandlung einer eitrigen Bissverletzung an der Pfote beim Abhören festgestellt, dass Tiger ein Herzproblem hat. Bei der nachfolgenden Ultraschalluntersuchung wird eine schwere Herzerkrankung gefunden, obwohl man ihm überhaupt nichts angemerkt hat. Er muss gleich starke Herzmedikamente nehmen. Im Nachhinein fällt der Besitzerin ein, dass er eigentlich schon immer nicht ausdauernd spielt, sondern schnell außer Atem ist.

Phasenweise wirkt er trotz gut eingestellter Herzmedikamente schlapp und kraftlos, vor allem im Herbst und im Frühjahr, wenn das Wetter häufig wechselt.

Behandlung: Deshalb bekommt er zusätzlich zu seinen Herzmedikamenten 2-mal täglich eine Tablette Kalium phosphoricum D6, zunächst für 2 bis 3 Monate. Innerhalb von wenigen Tagen wird er lebhafter und ausdauernder im Spielen. Nach Rücksprache mit dem Tierarzt wird das starke Herzmedikament etwas reduziert, und Tiger bekommt dafür regelmäßig abends eine Tablette Kalium phosphoricum D6. Mit Herzmedikament und Kalium phosphoricum ist Tigers Herzbefund seit 2 Jahren stabil. Man merkt ihm seine Erkrankung nicht an.

Nr. 6 – Kalium sulfuricum D6

Das »Hautmittel« Kalium sulfuricum steigert die Leistungsfähigkeit der Leber und ist an Ausscheidungs- und Entgiftungsprozessen beteiligt. Es wird bei Entzündungsprozessen mit gelblichem Eiter eingesetzt.

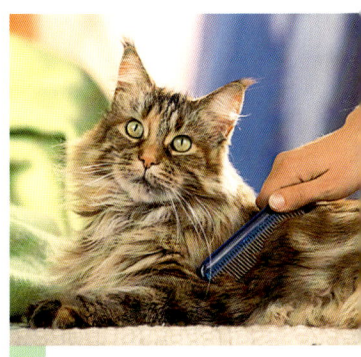

Nr. 6 Kalium sulfuricum sorgt für die Ausscheidung von Schlacken über die Haut und macht ein seidig glänzendes Fell.

Fallbeispiel

Carlo ist ein braun-schwarz getigerter kräftiger Kater, der am liebsten draußen ist. Im Sommer ist er manchmal wochenlang nicht zu Hause. Oft kommt er mit entzündeten Augen zurück. Die Lidränder neigen zum Verkleben, denn es tritt viel gelblich-schleimiges Sekret aus. Eine Behandlung mit Augentropfen bringt nur vorübergehend Besserung. Mit fünf Jahren erkrankt er im Frühjahr an einer Gelbsucht. Nach drei Tagen Abwesenheit kommt er struppig und unangenehm stinkend nach Hause, will nichts fressen und trinken. Die Augen sind wieder eitrig entzündet. Beim Tierarzt wird eine Leberentzündung festgestellt. Vermutlich hat er sich mit Dünge- oder Spritzmitteln vergiftet. Bei Katzen geschieht das oft unabsichtlich, wenn sie durch gespritzte und gedüngte Beete laufen und sich danach die Pfoten ablecken. Anfangs bekommt er starke schulmedizinische Medikamente und Infusionen, denn er ist bereits stark ausgetrocknet.

Behandlung: Nachdem Carlo wieder angefangen hat selbstständig zu fressen, bekommt er zunächst für 8 Wochen Kalium sulfuricum D6 – 2-mal täglich eine Tablette. Die Augen tränen seltener, sondern aber immer noch gelben Schleim ab. Deshalb bekommt er zusätzlich noch Calcium sulfuricum D6 – 2-mal täglich eine Tablette. Nach 4 Monaten sind Augen und Leber in Ordnung.

Nr. 7 – Magnesium phosphoricum D6

Das zweite »Krampf-, Nerven- und Muskelmittel«, Magnesium phosphoricum, hilft bei Koliken und plötzlich einsetzenden, stechenden, krampfartigen Schmerzen.

Fallbeispiel
Cleo ist eine sensible, überempfindliche Siam-Mischlingskatze mit enormem Bewegungsdrang. Oft genug wirft sie bei ihrer Raserei Blumentöpfe vom Fenstersims oder räumt den Couchtisch ab, wenn sie darüberfegt. Bereits mit sechs Jahren hat sie Probleme mit dem Rücken, nachdem sie bei Regen versehentlich auf dem Balkon ausgesperrt war. Sie lässt sich dann nicht hochnehmen und faucht. Beim Springen auf den Kratzbaum verliert sie einige Tropfen Urin. Die Muskulatur am Rücken ist bretthart, und sie lässt sich kaum anfassen. Schmerzmittel verträgt sie schlecht, darauf erbricht sie.
Behandlung: Magnesium phosphoricum D6 – abends 2-mal im Abstand von einer Stunde 5 Tabletten in heißem Wasser aufgelöst und noch warm schluckweise eingegeben – hilft Cleo schnell. Sie hört auf zu jammern und schläft ruhig und entspannt.

Bei Muskel- und Nervenproblemen kombiniert man Nr. 7 Magnesium phosphoricum mit Nr. 5 Kalium phosphoricum.

Beweglichkeit ist alles: Nr. 8 Natrium chloratum sorgt dafür, dass die Knorpel weich und elastisch bleiben.

Am anderen Morgen geht es ihr meist besser, doch die Muskulatur am Rücken ist noch verspannt. Sie bekommt deshalb für 6 bis 8 Wochen 2-mal täglich eine Tablette Magnesium phosphoricum D6 – nicht nur wegen ihres Rückens, sondern auch wegen ihrer Nervosität. Sie hat nun nur noch selten Rückenprobleme.

Nr. 8 – Natrium chloratum D6

Das »Bewässerungsmittel« Natrium chloratum hilft einerseits bei »trockenen« Erkrankungen wie trockener, schuppiger Haut oder Knacken in den Gelenken, andererseits auch bei Erkrankungen mit einem Überfluss an Feuchtigkeit, wie zum Beispiel wässrigem Schnupfen oder Neigung zu Wassereinlagerungen.

Fallbeispiel
Mohrle ist eine schwarze Hauskatze, die schon seit einiger Zeit ein stumpfes, glanzloses Fell hat. Feine weiße Hautschuppen sind vor allem am Rücken gut zu sehen. In den vergangenen Jahren hat sie stark zugenommen, da sie am liebsten den ganzen Tag auf dem Sofa liegt. Wenn eine andere Katze in ihren Garten kommt, wird sie wütend und faucht. Muss sie im Urlaub allein zu Hause bleiben und wird von der Nachbarin gefüttert, ist sie nach der Rückkehr ihrer Besitzerin noch tagelang beleidigt und lässt sich nicht streicheln.
Ihre Besitzerin konnte auch feststellen, dass die Katze beim Laufen knackende Geräusche macht. Durch Beugen der Kniegelenke kann das Knacken ausgelöst werden. Mohrle zeigt aber keine Schmerzen. Beim Laufen auf Fliesenboden fällt auf, dass sie mit den Hinterbeinen immer wieder wegrutscht.
Behandlung: Nach gründlicher Untersuchung und Ausschluss ernsthafter Erkrankungen bekommt Mohrle Natrium chloratum D6 verordnet – 2-mal täglich eine Tablette für 3 Monate. Erst im darauffolgenden Jahr kommt die Besitzerin mit Mohrle wieder in die Praxis zur jährlichen Impfung. Das Knacken beim Laufen ist verschwunden, das Fell glänzt wieder fast schuppenfrei.

Nr. 9 – Natrium phosphoricum D6

Das »Entsäuerungsmittel« Natrium phosphoricum regt bei trägen, zu dicken Katzen den Stoffwechsel an und hilft, wenn die Tiere säuerlich riechend erbrechen.

Fallbeispiel

Sir Henry ist ein verfressener, rot getigerter Hauskater. Er weiß nie, wann er genug hat, überfrisst sich regelmäßig und muss dann erbrechen. Deshalb bekommt er mehrmals am Tag nur kleine Futterportionen. Als erfolgreicher Jäger frisst er zusätzlich Mäuse und Vögel, die er oft in der Wohnung erbricht. Schon in jungen Jahren hatte er schlechte Zähne.

In den vergangenen Wochen hat er sich verändert. Er geht weniger nach draußen, wirkt erschöpft und traurig. Seine Besitzerin beobachtet, dass er immer sehr lange auf dem Katzenklo sitzt, um Urin abzusetzen. Beim Tierarzt wird festgestellt, dass er Blasengrieß und Struvit-Kristalle im Urin hat. Auch seine Halslymphknoten sind verdickt. In den Ohren findet sich reichlich säuerlich riechendes Ohrenschmalz. In den Ohrmuscheln befindet sich ein schuppiger Ausschlag, vermutlich hat er auch an den Ohren gekratzt.

Behandlung: Sir Henry bekommt zusätzlich zu einem speziellen Diätfutter gegen Blasengrieß Natrium phosphoricum D6 – 2-mal täglich eine Tablette für zunächst 2 Monate. Danach ist der Blasengrieß fast verschwunden, es sind aber immer noch einige Struvit-Kristalle im Urin. Deshalb bekommt er für weitere 2 Monate 2-mal täglich eine Tablette Natrium phosphoricum D6.

Übergewichtigen Katzen hilft Nr. 9 Natrium phosphoricum beim Abnehmen – kombiniert mit Bewegung und einer Diät.

Nr. 10 – Natrium sulfuricum D6

Das »Ausscheidungsmittel« Natrium sulfuricum wirkt entwässernd und entschlackend, vor allem dann, wenn Katzen zu stinkenden Durchfällen, Blähungen oder Hautausschlägen neigen.

Fallbeispiel
Bonnie ist eine schon ältere, sehr ruhige Katzendame, die bereits jahrelang Verdauungsprobleme hat, weil sie nur zu gern Schinken frisst, den sie sich regelmäßig erbettelt. Ihr Fell sieht zeitweise struppig und fettig aus. Sie lebt nur in der Wohnung.
Mit 11 Jahren hat sie wochenlang morgens immer dunklen, breiigen und übel riechenden Kot und fängt an, alle Pflanzen in der Wohnung zu beknabbern, was sie vorher nicht gemacht hatte. Beim Hochnehmen faucht und kratzt sie inzwischen und will davonrennen, möglicherweise hat sie Bauchweh.
Nach einer eingehenden tierärztlichen Kontrolle mit Laboruntersuchungen wird eine leichte Erhöhung der Leberwerte festgestellt und eine druckempfindliche Lebergegend, aber keine ernsthafte Erkrankung. Offensichtlich ist die Leber momentan in ihrer Entgiftungsfunktion überlastet.
Behandlung: Bonnie erhält 2-mal täglich eine Tablette Natrium sulfuricum D6 – zunächst über einen Zeitraum von 2 Monaten. Innerhalb von 4 Wochen setzt sie morgens wieder normalen Kot ab und lässt sich auch hochnehmen. Das extra angeschaffte Katzengras und auch die anderen Pflanzen interessieren sie nicht mehr. Nach Abschluss der Behandlung ist die Katze völlig fit. Fast genau ein halbes Jahr später zeigt sie wieder ähnliche Symptome und bekommt erneut für 2 Monate Natrium sulfuricum D6 – 2-mal täglich eine Tablette. Da auch Tiere altern und die Stoffwechselfunktionen nicht mehr so gut funktionieren, bekommt sie nun regelmäßig 2-mal im Jahr eine 2-monatige Leberkur mit Natrium sulfuricum D6 und Kalium sulfuricum D6 – immer im Frühjahr und im Herbst.

Nr. 11 – Silicea D12

Das »Stabilisierungsmittel« Silicea sorgt für Elastizität und steigert die mechanische Festigkeit von Geweben. Auf Eiterungen wirkt es einschmelzend, bringt Abszesse zum Reifen, fördert die Wundheilung und kann wucherndes Narbengewebe glätten.

Fallbeispiel

Maxi ist ein großer, schlanker, sensibler und schüchterner Kater, der draußen immer wieder in Kämpfe und Beißereien mit Katzen und Mardern verwickelt wird. Seine Wunden heilen schlecht und neigen zur Eiterung. Er ist schreckhaft, lässt sich von Fremden nicht anfassen und sucht die Wärme. Bei Regenwetter und im Winter geht er kaum raus, sondern verkriecht sich unter seiner Decke. Gern liegt er auf dem Schoß seiner Besitzerin. Im Alter von sechs Jahren hat er eine Bissverletzung am rechten Hinterbein, die einfach nicht abheilt. Trotz Wundauffrischung und Antibiotikabehandlung wird die Pfote immer wieder dick und heiß, er bekommt Fieber und frisst nichts mehr. Eine Operation bringt nur vorübergehend Heilung. Sechs Wochen später schwillt die Pfote ohne ersichtlichen Grund wieder an, wird heiß und berührungsempfindlich. Er tritt kaum noch auf.

Behandlung: Da Maxi außer der dicken, heißen Pfote dieses Mal keine weiteren Krankheitsanzeichen zeigt, bekommt er in den ersten Tagen 4-mal täglich eine Tablette Silicea D12 – so lange, bis sich die Schwellung an der Pfote von allein öffnet und der Eiter abfließt. Sobald der Abszess offen ist, bekommt er zusätzlich zu Silicea D12 Calcium sulfuricum D6 – ebenfalls 2-mal täglich eine Tablette, um die Heilung zu unterstützen. Nach drei Wochen ist die Wunde an der Pfote zwar geschlossen, aber noch etwas warm und sehr berührungsempfindlich. Maxi leckt und beißt momentan sehr viel daran herum. Er bekommt für weitere zwei Monate Silicea D12 – 2-mal täglich eine Tablette. Nach fast einem halben Jahr ist die Pfote dann vollständig abgeheilt und nicht mehr so berührungsempfindlich.

Nr. 12 – Calcium sulfuricum D6

Das »Reinigungs- und Regenerationsmittel« Calcium sulfuricum sorgt bei offenen Eiterungen mit stinkenden, gelb-grünen, dickflüssigen Absonderungen für den Abbau des Eiters. Als Salz für die Gelenke hilft es bei vielen Gelenkproblemen.

Eine Kur mit Nr. 12 Calcium sulfuricum hält die Katze beweglich und vermeidet Gelenkprobleme bei Wetterwechsel.

Fallbeispiel

Felix ist ein kräftiger, grau-weißer Ragdoll-Kater, der mit drei weiteren Katzen in einem großen Haus lebt. Im Sommer darf er an der Leine in den Garten. Noch lieber rast er im Wohnzimmer von Kratzbaum zu Kratzbaum und wirft alles um, was ihm in den Weg kommt.

Seit Jahren leidet er immer wieder an einer hartnäckigen eitrigen Akne am Kinn. Die Haare verkleben durch die Absonderungen. Er stinkt dann so, dass er sich nicht riechen mag. Regelmäßiges Waschen mit einem medizinischen Shampoo hilft kurz. Nur das wochenlange Auftragen einer Antibiotikum-Salbe führt zur Abheilung. Beim Tierarzt kann auch nach mehreren Untersuchungen kein Grund gefunden werden, warum die Akne immer wieder aufflammt. Eine Futterumstellung ist schwierig, da Felix sehr wählerisch beim Fressen ist.

Behandlung: Versuchsweise bekommt er beim nächsten Ausbruch der Akne 2-mal täglich eine Tablette Calcium sulfuricum D6 ohne Salbenbehandlung. Nach zwei Wochen ist das Kinn zwar noch entzündet, aber Felix stinkt nicht mehr. Nach weiteren zwei Wochen sind am Kinn nur noch einzelne trockene Krüstchen vorhanden, die sich mit dem Fingernagel abkratzen lassen. Um einen Rückfall zu vermeiden, bekommt Felix noch 3 Monate Calcium sulfuricum D6 – 1-mal täglich eine Tablette.

SCHNELLE HILFE MIT SCHÜSSLER-SALZEN

Immer wieder gibt es Situationen, bei denen es auf gezielte, schnelle Hilfe ankommt, um plötzlich auftretende Störungen oder Erkrankungen bereits im Keim zu bekämpfen. Dabei kön-

BISSWUNDEN

Tiefe Bisswunden auf jeden Fall tierärztlich versorgen lassen, da sie meist infiziert sind. Bei kleinen oberflächlichen Wunden die Haare großzügig um die Bissstelle kürzen, die Wunde säubern und desinfizieren. Dazu noch für einige Tage 4- bis 6-mal täglich eine Gabe **Nr. 3 Ferrum phosphoricum** und **Nr. 5 Kalium phosphoricum**. Bei Schmerzhaftigkeit sofort zum Tierarzt!

BLASENREIZUNG

Muss die Katze dauernd aufs Katzenklo und setzt tröpfchenweise hellen bis gelblich gefärbten Urin ab, kann eine Blasenentzündung im Entstehen sein. Geben Sie je eine Gabe **Nr. 3 Ferrum phosphoricum** und **Nr. 8 Natrium chloratum** im Abstand von 10 bis 15 Minuten, bis der Harndrang nachlässt. Dazu für einige Tage Nieren-Blasen-Tee unters Futter mischen.

ERKÄLTUNG

Fängt die Katze bei nasskaltem Wetter in Frühjahr und Herbst zu niesen an, sollte sie sofort 4- bis 6-mal im Abstand von 1 bis 2 Stunden eine Gabe **Nr. 3 Ferrum phosphoricum** erhalten. Kommt beim Niesen bereits weißlicher Schleim aus den Nasenlöchern, sollte mit **Nr. 4 Kalium chloratum** kombiniert werden. Bei Fieber und Appetitlosigkeit sofort zum Tierarzt!

ERBRECHEN

Der Katze 2 bis 4 Stunden nichts zu fressen und nichts zu trinken geben. Dann sofort 1 bis 2 Tabletten **Nr. 8 Natrium chloratum** in Wasser auflösen und schluckweise im Abstand von 5 bis 10 Minuten eingeben. Die Katze sollte 6 bis 12 Stunden nur Wasser mit einer Prise Salz oder Kamillentee zu trinken bekommen und erst danach wieder leicht verdauliches Futter.

nen Schüßler-Salze sanft und nachhaltig helfen. Einige häufig vorkommende Situationen werden hier mit den dabei angezeigten Mitteln beschrieben (zur Dosierung → Seite 124).

DURCHFALL

Bei Durchfall 12 Stunden hungern lassen. Während dieser Zeit Wasser, Kamillentee oder verdünnten Schwarztee mit Traubenzucker anbieten. Sofort **Nr. 3 Ferrum phosphoricum** und **Nr. 10 Natrium sulfuricum** anfangs alle 15 bis 30 Minuten je eine Gabe. Nach 12 Stunden mit leicht verdaulicher Magen-Darm-Schonkost in kleinen Portionen füttern.

INSEKTENSTICH

Bei Stichen im Mund-Rachen-Bereich sofort einen Tierarzt aufsuchen! Als Erstmaßnahme lösen Sie 1 bis 2 Tabletten **Nr. 9 Natrium chloratum** in Wasser auf und geben es schluckweise ins Mäulchen. Bei Stichen an Beinen oder Körper den Stachel entfernen, die Stelle kühlen und einen Breiumschlag mit **Nr. 3 Ferrum phosphoricum** und **Nr. 9 Natrium chloratum** machen.

PRELLUNG, ZERRUNG

Bei akuten Prellungen, Zerrungen, Quetschungen oder Verstauchungen vorsichtig überprüfen, ob das Bein gebrochen sein könnte. Wenn dies nicht der Fall ist, **Nr. 1 Calcium fluoratum, Nr. 2 Calcium phosphoricum, Nr. 3 Ferrum phosphoricum** und **Nr. 11 Silicea** zusammen geben – alle 10 bis 15 Minuten je eine Gabe, bis der Schmerz nachlässt.

NÄCHTLICHE UNRUHE

Finden Katzen in der Nacht keine Ruhe, ohne dass sie körperlich krank sind, und wecken ihre Besitzer mit penetrantem Miauen, dann können **Nr. 2 Calcium phosphoricum, Nr. 5 Kalium phosphoricum, Nr. 7 Magnesium phosporicum** und **Nr. 11 Silicea** – je eine Tablette in heißem Wasser aufgelöst und noch warm eingegeben – beruhigend wirken.

Anwendungsgebiete bei der Katze von A bis Z

Eine schnelle Orientierung gibt die nachfolgende Übersicht. Bitte lesen Sie die genauen Modalitäten bei den einzelnen Salzen (Seite 46 bis 117) nach.

A

Abmagerung: Nr. 1, Nr. 2, Nr. 5, Nr. 8, Nr. 11

Absonderungen gelb-schleimig: Nr. 6, Nr. 11, Nr. 12

Absonderungen rötlich-blutig: Nr. 3

Absonderungen stinkend, gelb-grünlich: Nr. 10

Absonderungen wässrig, klar: Nr. 4, Nr. 8

Absonderungen weiß-schleimig: Nr. 1, Nr. 4, Nr. 8

Abszess: Nr. 6, Nr. 9, Nr. 11, Nr. 12

Abszessreifung: Nr. 11

Abwehrschwäche: Nr. 3, Nr. 5, Nr. 9

Afterbrennen, -jucken: Nr. 1

Aftereinrisse, -fissuren mit Juckreiz: Nr. 2, Nr. 8, Nr. 11

Aggressivität: Nr. 4, Nr. 6, Nr. 9, Nr. 10, Nr. 12

Akne: Nr. 4, Nr. 9, Nr. 10, Nr. 12

Akutmittel: Nr. 3

Alleine bleiben unmöglich: Nr. 2, Nr. 12

Allergie: Nr. 2, Nr. 7, Nr. 8, Nr. 11
 – mit Hautproblemen: Nr. 6

Altern, vorzeitiges: Nr. 11

Angst: Nr. 2, Nr. 5, Nr. 9, Nr. 11
 – in geschlossenen Räumen: Nr. 6

Ängstlichkeit: Nr. 1, Nr. 2, Nr. 5, Nr. 6, Nr. 9, Nr. 11

Anspannung: Nr. 7

Antiseptische Wirkung: Nr. 5

Appetit, wechselhafter: Nr. 2

Asthmatische Beschwerden: Nr. 4, Nr. 8, Nr. 10

Atemnot: Nr. 7

Augen, tränend: Nr. 3, Nr. 8, Nr. 11

Augen, trocken (zu wenig Tränenflüssigkeit): Nr. 8

Augenentzündung: Nr. 3, Nr. 4, Nr. 6, Nr. 8, Nr. 9, Nr. 12
 – mit Rötung, akut: Nr. 3
 – gelblich-eitrig: Nr. 12

Augenzucken: Nr. 7

Ausdauer, fehlende: Nr. 3
Ausscheidung fördernd: Nr. 6, Nr. 10, Nr. 12

B
Bakterielle Infektionen: Nr. 5
Bänderschwäche: Nr. 1, Nr. 2, Nr. 8, Nr. 11
Bauchkrämpfe: Nr. 7
Beleidigt sein: Nr. 8, Nr. 9, Nr. 10
Berührungsempfindlichkeit: Nr. 3, Nr. 7, Nr. 8, Nr. 10,
    Nr. 11
Bindegewebsschwäche: Nr. 1, Nr. 9, Nr. 11, Nr. 12
Bindehautentzündung: Nr. 3, Nr. 4, Nr. 6, Nr. 8, Nr. 9,
    Nr. 11, Nr. 12
Bisswunden: Nr. 3, Nr. 5, Nr. 10
Blähungen: Nr. 1, Nr. 7, Nr. 9, Nr. 10, Nr. 11
    – stinkend mit unwillkürlichem Stuhlabgang: Nr. 10
Blasengrieß, -steine: Nr. 9
Blasenreizung, -entzündung: Nr. 3, Nr. 5, Nr. 7, Nr. 8,
    Nr. 9
    – chronisch: Nr. 4, Nr. 6, Nr. 11
Blutarmut: Nr. 2, Nr. 3, Nr. 8
Blutungen, hellrot, wässrig: Nr. 3
Blutungsneigung: Nr. 3, Nr. 5
Blutvergiftung (Sepsis): Nr. 5
Brechdurchfall: Nr. 3, Nr. 4, Nr. 6, Nr. 8, Nr. 10
Bronchitis: Nr. 4, Nr. 6, Nr. 9
    – chronisch: Nr. 4, Nr. 6, Nr. 12
    – eitrig: Nr. 6, Nr. 9, Nr. 12

C
Chronische Beschwerden: Nr. 6, Nr. 10, Nr. 11, Nr. 12

D
Darmkrämpfe: Nr. 7
Degenerative Veränderungen an Knochen, Knorpeln
    und Gelenken: Nr. 1, Nr. 12
Demenzerscheinungen: Nr. 1, Nr. 5
Demineralisation von Knochen: Nr. 9
Depressionen: Nr. 1, Nr. 5, Nr. 6, Nr. 8, Nr. 9
Drang auf den Kot, Urin: Nr. 2, Nr. 6, Nr. 7

Durchfall: Nr. 2, Nr. 3, Nr. 4, Nr. 5, Nr. 8, Nr. 9, Nr. 10, Nr. 11, Nr. 12
– blutig-wässrig: Nr. 3
– mit glasigen Darmschleimhautfetzen: Nr. 4
– mit unverdautem Futter: Nr. 2, Nr. 3
– säuerlich riechend: Nr. 9
– stinkend, grünlich, mit unverdautem Futter: Nr. 2
– stinkend, morgens: Nr. 10
– übel riechend und erschöpfend: Nr. 5
– wässrig: Nr. 7, Nr. 8, Nr. 11
– weißlich-schleimig: Nr. 4

E

Eifersucht: Nr. 2
Eisenmangel: Nr. 3 + Eisenpräparat
Eiterungen: Nr. 2, Nr. 6, Nr. 8, Nr. 9, Nr. 10, Nr. 11, Nr. 12
Ekzeme: Nr. 3, Nr. 4, Nr. 6, Nr. 8, Nr. 10, Nr. 11, Nr. 12
Elastizität erhaltend: Nr. 1, Nr. 11
Entgiftung, Entschlackung: Nr. 4, Nr. 5, Nr. 6, Nr. 8, Nr. 9, Nr. 10, Nr. 11, Nr. 12
Entkrampfende, entspannende Wirkung: Nr. 2, Nr. 7
Entwicklungsverzögerung, -stillstand: Nr. 2, Nr. 5, Nr. 11
Entzündung – erstes Stadium: Nr. 3
– zweites Stadium: Nr. 4
– drittes Stadium: Nr. 6
Entzündung mit Eiterung: Nr. 5, Nr. 6, Nr. 9, Nr. 11, Nr. 12
Erbrechen: Nr. 3, Nr. 4, Nr. 6, Nr. 8, Nr. 9
– säuerlich, sauer riechender Mageninhalt: Nr. 9
– stinkend: Nr. 5, Nr. 10
– von gelblichem Schleim: Nr. 6
– von Haarballen: Nr. 4, Nr. 8, Nr. 9
– von zähem weißem Schleim: Nr. 4
– von wässrigem Mageninhalt: Nr. 8
Erkältung, Erkältungsneigung: Nr. 3, Nr. 4, Nr. 11
Ermüdbarkeit, schnelle: Nr. 3, Nr. 5, Nr. 7
Erregbarkeit: Nr. 2, Nr. 7, Nr. 11
Erschöpfung: Nr. 2, Nr. 3, Nr. 5, Nr. 9, Nr. 11

F

Falten, Faltenbildung, übermäßige: Nr. 1, Nr. 11

Fäulnisprozesse: Nr. 5

Fellprobleme: Nr. 1, Nr. 6, Nr. 8, Nr. 10, Nr. 11, Nr. 12

Fettige Haare, fettige Haut: Nr. 8, Nr. 9

Fettsucht: Nr. 6, Nr. 9, Nr. 10

Fettunverträglichkeit: Nr. 8, Nr. 9, Nr. 10

Fettverdauung, gestörte: Nr. 8, Nr. 9, Nr. 10

Fieber: Nr. 3, Nr. 5, Nr. 7

Fisteln, Neigung zu Fistelbildung: Nr. 11

Fließschnupfen, wund machender: Nr. 8, Nr. 11

Flüssigkeitshaushalt regulierend: Nr. 8, Nr. 9, Nr. 10, Nr. 12

Frakturheilung, verzögerte: Nr. 1

Fremdkörper austreibend: Nr. 11

Frieren, Frösteln: Nr. 2, Nr. 7, Nr. 10, Nr. 11

Furcht, Furchtsamkeit: Nr. 2, Nr. 6, Nr. 11

FUS (Felines Urologisches Syndrom): Nr. 9

TIPP

Haarballen
Neigen Langhaarkatzen im Frühjahr und Herbst zur Zeit des Fellwechsels zum Erbrechen von Haarballen, helfen zusätzlich zur Gabe von Katzenmalz die Salze Nr. 4 Kalium chloratum, Nr. 8 Natrium chloratum und Nr. 9 Natrium phosphoricum. Lösen Sie von jedem Salz eine Tablette in heißem Wasser auf und geben Sie es Ihrer Katze 2-mal täglich noch warm ins Mäulchen.

G

Gallefluss anregend: Nr. 10

Gallengrieß: Nr. 9, Nr. 11

Gedächtnisverlust bei alten Tieren: Nr. 2, Nr. 5, Nr. 12

Gelbsucht (Ikterus): Nr. 6, Nr. 10

Gelenkentzündungen: Nr. 3, Nr. 9, Nr. 12

Gelenkprobleme: Nr. 1, Nr. 2, Nr. 8, Nr. 9, Nr. 11, Nr. 12

Gelenkschwellung: Nr. 1, Nr. 3, Nr. 4, Nr. 8

Geräuschempfindlichkeit: Nr. 2, Nr. 11

Geschwür/Geschwulst: Nr. 1, Nr. 6, Nr. 9, Nr. 10, Nr. 11

Gewebsverhärtungen: Nr. 1, Nr. 11
Gier nach Salz: Nr. 8
Gliederzucken: Nr. 7, Nr. 11
Grauer Star, Linsentrübung: Nr. 1, Nr. 4, Nr. 8

H

Haarausfall: Nr. 1, Nr. 5, Nr. 8, Nr. 9, Nr. 11
Haarbalgentzündung: Nr. 6, Nr. 12
Haarbruch, Haare spröd, trocken: Nr. 1, Nr. 8, Nr. 11
Haarwachstumsstörungen: Nr. 3, Nr. 6, Nr. 11
Halsentzündung: Nr. 3, Nr. 4, Nr. 6, Nr. 9, Nr. 11
Harnabgang, unwillkürlicher: Nr. 2, Nr. 7, Nr. 10, Nr. 11
Harndrang: Nr. 1, Nr. 2, Nr. 7, Nr. 8, Nr. 10
Harngrieß, Harnblasensteine: Nr. 2, Nr. 7, Nr. 9
Haut, trockene: Nr. 2, Nr. 4, Nr. 8
Hautausschläge, Ekzeme: Nr. 3, Nr. 4, Nr. 8, Nr. 10
Hautentzündung: Nr. 3, Nr. 4, Nr. 6, Nr. 10, Nr. 11,
    Nr. 12
Hauterkrankungen: Nr. 3, Nr. 4, Nr. 6, Nr. 8, Nr. 9,
    Nr. 10, Nr. 11, Nr. 12
Hautjucken: Nr. 6, Nr. 7, Nr. 11
Hautpilzerkrankungen, Neigung zu: Nr. 4, Nr. 8, Nr. 10
Hautsensibilität, erhöhte: Nr. 11
Heiserkeit, akut: Nr. 3, Nr. 7
Heiserkeit, chronisch: Nr. 2, Nr. 11
Heißhunger auf Saures: Nr. 5, Nr. 9
Heißhunger auf Süßes: Nr. 7, Nr. 9
Herzbeschwerden: Nr. 1, Nr. 5, Nr. 7
Herzjagen, starkes Herzklopfen: Nr. 2, Nr. 3
Herzrhythmusstörungen: Nr. 4, Nr. 5, Nr. 7, Nr. 8,
    Nr. 11
Hornhautentzündungen am Auge: Nr. 2, Nr. 9, Nr. 11
Hornhautverletzungen am Auge: Nr. 3, Nr. 8, Nr. 11
Husten: Nr. 2, Nr. 4, Nr. 6, Nr. 7, Nr. 10
Hyperaktivität: Nr. 2, Nr. 5, Nr. 12
Hysterie: Nr. 5, Nr. 7

I

Immunsystem anregend: Nr. 3, Nr. 5, Nr. 6, Nr. 10
Infektanfälligkeit: Nr. 3

Infektionskrankheiten: Nr. 3, Nr. 4, Nr. 5, Nr. 6
Insektenstiche: Nr. 2, Nr. 4, Nr. 8, Nr. 9

J
Juckreiz: Nr. 2, Nr. 6, Nr. 7, Nr. 8, Nr. 10, Nr. 11

K
Katarrhe: Nr. 1, Nr. 4, Nr. 6, Nr. 12
Kehlkopfentzündungen: Nr. 3, Nr. 5, Nr. 6, Nr. 9
Kieferhöhlenvereiterung: Nr. 6, Nr. 12
Knacken in Gelenken: Nr. 8, Nr. 9, Nr. 10
Knochenbruch: Nr. 1, Nr. 2, Nr. 7, Nr. 11
Knochenerkrankungen: Nr. 1, Nr. 2, Nr. 7, Nr. 8, Nr. 9,
    Nr. 11, Nr. 12
Knochenfisteln: Nr. 11, Nr. 12
Knochenwachstumsstörungen: Nr. 1, Nr. 2, Nr. 5, Nr. 7,
    Nr. 11
Knorpelschäden: Nr. 8, Nr. 11, Nr. 12
Körpergeruch, veränderter: Nr. 5, Nr. 6, Nr. 9, Nr. 10
Koliken: Nr. 2, Nr. 6, Nr. 7
Konzentrationsprobleme: Nr. 1, Nr. 2, Nr. 3, Nr. 4, Nr. 5,
    Nr. 6, Nr. 7, Nr. 8, Nr. 11
Krämpfe von Hohlorganen/Muskulatur: Nr. 2, Nr. 5,
    Nr. 7
Krallenbettentzündung: Nr. 5, Nr. 11, Nr. 12
Krallen, brüchige, deformierte, spröde: Nr. 1, Nr. 6,
    Nr. 8, Nr. 11
Kristallbildung in Blase, Gallenblase, Niere: Nr. 9

L
Lähmungen: Nr. 5, Nr. 9, Nr. 11
Lärmempfindlichkeit: Nr. 11
Leberentzündung: Nr. 3, Nr. 6, Nr. 10, Nr. 12
Lebermittel: Nr. 6, Nr. 10, Nr. 12
Leistungsfähigkeit, verminderte: Nr. 3, Nr. 5
Lichtempfindlichkeit: Nr. 3, Nr. 11
Linsentrübung (Grauer Star): Nr. 1, Nr. 4, Nr. 8
Lipom, Fettgeschwulst: Nr. 9
Lockerung des Zahnhalteapparates, Parodontose: Nr. 1,
    Nr. 9

Lungenentzündung: Nr. 3, Nr. 4, Nr. 5, Nr. 9, Nr. 12
Lungenödem: Nr. 4, Nr. 6, Nr. 8, Nr. 10
Lymphknotenschwellungen, weiche: Nr. 4, Nr. 9
Lymphknotenverhärtungen, chronische: Nr. 1, Nr. 11, Nr. 12

M

Magen-Darm-Störungen: Nr. 3, Nr. 4, Nr. 5, Nr. 6, Nr. 8, Nr. 9, Nr. 10, Nr. 11, Nr. 12
Magengeschwüre: Nr. 5, Nr. 8, Nr. 9, Nr. 12
Magenprobleme: Nr. 4, Nr. 5, Nr. 8, Nr. 9, Nr. 12
Mandelentzündung, eitrige: Nr. 6, Nr. 9, Nr. 12
Müdigkeit: Nr. 3, Nr. 5, Nr. 8, Nr. 9, Nr. 10
Mundgeruch, fauliger: Nr. 5, Nr. 10, Nr. 12
Mundschleimhautentzündung: Nr. 3, Nr. 4, Nr. 6, Nr. 9
Mundwinkeleinrisse (Rhagaden): Nr. 8, Nr. 11
Muskelatrophie mit Lähmung: Nr. 2, Nr. 5, Nr. 11
Muskelkater: Nr. 3, Nr. 5, Nr. 6, Nr. 7, Nr. 9
Muskelkrämpfe: Nr. 2, Nr. 5, Nr. 7
Muskelschwäche, -schwund: Nr. 2, Nr. 3, Nr. 5, Nr. 11
Muskelverhärtungen: Nr. 7
Muskelzucken: Nr. 1, Nr. 2, Nr. 5, Nr. 7, Nr. 11

N

Nächtliche Unruhe: Nr. 5, Nr. 7, Nr. 11
Narbenbruch: Nr. 1, Nr. 5, Nr. 11
Narben, wuchernde, verhärtete: Nr. 1, Nr. 11
Nasenausfluss, gelb-eitriger, stinkender: Nr. 6, Nr. 10
Nasenausfluss, wässriger: Nr. 8

TIPP

Tiere wissen, was ihnen guttut
Es kann sein, dass Ihre Katze die Schüßler-Salze, die Sie für sie ausgewählt haben, partout trotz aller Tricks, die Sie anwenden, nicht einnehmen will. Dann kann es durchaus sein, dass sie diese Salze gerade nicht braucht. Überprüfen Sie dann bitte Ihre Auswahl. Viele Katzen scheinen nämlich zu merken, was sie brauchen und was nicht.

Nasenausfluss, zäher weißlicher Schleim: Nr. 4
Nasenbluten, Neigung zu: Nr. 2, Nr. 5, Nr. 8
Nerven beruhigend: Nr. 2, Nr. 5, Nr. 7
Nervenentzündung: Nr. 3, Nr. 4, Nr. 5, Nr. 7, Nr. 9,
   Nr. 11
Nervenschmerzen: Nr. 2, Nr. 5, Nr. 7, Nr. 10, Nr. 11
Nervenwurzelreizung: Nr. 7, Nr. 9, Nr. 11
Nervöse Unruhe: Nr. 5, Nr. 7
Nervosität: Nr. 2, Nr. 3, Nr. 4, Nr. 5, Nr. 7, Nr. 9, Nr. 11
Neuralgie: Nr. 2, Nr. 5, Nr. 7, Nr. 10, Nr. 11
Nierenentzündung: Nr. 3, Nr. 4, Nr. 6, Nr. 8, Nr. 9,
   Nr. 12
Nierengrieß, -steine: Nr. 9, Nr. 10
Nierenkolik: Nr. 7, Nr. 9
Niesen bei Erkältung: Nr. 3, Nr. 4
   – mit weißlichem Nasenausfluss: Nr. 4
   – mit gelblich-schleimigem Nasenausfluss: Nr. 6
   – mit grün-schleimigem, stinkendem Nasenausfluss:
   Nr. 10
   – übermäßig: Nr. 8

O

Ödem, Flüssigkeitsansammlungen: Nr. 8, Nr. 10
Ohrenausschlag, schuppiger: Nr. 6, Nr. 9
Ohrenentzündung: Nr. 3, Nr. 4, Nr. 5, Nr. 6, Nr. 9,
   Nr. 11, Nr. 12
Ohrenschmalzbildung, vermehrte: Nr. 6, Nr. 9, Nr. 10
Ohrenschmalz, grünlich-schleimig: Nr. 10
Ohrenschmalz, honigartig: Nr. 6, Nr. 9, Nr. 12
Ohrenschmalz, weißlich-schleimig: Nr. 4
Ohrenschmerzen bei Berührung: Nr. 7
Ohrmilbenbefall (Begleitbehandlung): Nr. 10, Nr. 11
Orientierungsprobleme: Nr. 1, Nr. 2
Othämatom (Bluterguss am Ohr): Nr. 3, Nr. 8, Nr. 9

P

Panik: Nr. 2, Nr. 8, Nr. 11
   – in geschlossenen Räumen: Nr. 6
Parasitenbefall (Begleitbehandlung): Nr. 9, Nr. 10
Pilzerkrankungen: Nr. 5, Nr. 10

Prellungen, akut: Nr. 1, Nr. 2, Nr. 3, Nr. 11
Prellungen, chronisch: Nr. 4, Nr. 8, Nr. 10

R

Rachitis: Nr. 1, Nr. 2, Nr. 9
Regeneration geschädigter Gewebe: Nr. 6, Nr. 7, Nr. 10, Nr. 12
Reizbarkeit: Nr. 4, Nr. 6, Nr. 10
Reizhusten: Nr. 3, Nr. 8, Nr. 11
Rekonvaleszenz: Nr. 1, Nr. 2, Nr. 3, Nr. 5, Nr. 6, Nr. 8, Nr. 10
Rheumatische Beschwerden: Nr. 3, Nr. 4, Nr. 6, Nr. 8, Nr. 9, Nr. 10, Nr. 11, Nr. 12
Rissige Haut an den Pfoten: Nr. 1, Nr. 11
Rückenbeschwerden: Nr. 1, Nr. 2, Nr. 5, Nr. 7, Nr. 8, Nr. 9, Nr. 11, Nr. 12

S

Schilddrüsenüberfunktion (Begleitbehandlung): Nr. 2
Schlaflosigkeit: Nr. 5, Nr. 7
Schlaganfall (Nachbehandlung): Nr. 1, Nr. 3, Nr. 4, Nr. 5, Nr. 7
Schlaganfall (Vorbeugung): Nr. 2, Nr. 11
Schleimhautentzündung: Nr. 4, Nr. 6, Nr. 12
Schluckauf, krampfartiger: Nr. 7
Schmerz: Nr. 1, Nr. 2, Nr. 3, Nr. 5, Nr. 6, Nr. 7, Nr. 10
  – Knochenschmerzen: Nr. 2, Nr. 7
  – Muskelschmerzen: Nr. 2
  – Nervenschmerzen: Nr. 2, Nr. 5, Nr. 7
  – plötzlich, stechend, krampfartig: Nr. 7
Schmerzempfindlichkeit, übermäßige: Nr. 3, Nr. 7, Nr. 11
Schnupfen: Nr. 3, Nr. 4, Nr. 8, Nr. 9, Nr. 10, Nr. 12
  – chronisch: Nr. 6, Nr. 8, Nr. 9, Nr. 12
  – gelblich-schleimig: Nr. 6
  – grünlich-schleimig, stinkend: Nr. 10
  – wässrig: Nr. 8
  – weißlich-schleimig: Nr. 4
Schreckhaftigkeit: Nr. 2, Nr. 5, Nr. 11
Schuppen: Nr. 2, Nr. 6, Nr. 8, Nr. 11

Schüttelfrost: Nr. 3, Nr. 5, Nr. 10
Schwäche: Nr. 2, Nr. 3, Nr. 5, Nr. 7, Nr. 8, Nr. 9, Nr. 11
Schwerhörigkeit: Nr. 1, Nr. 4, Nr. 11
  – durch chronische Ohrenentzündung: Nr. 6
Sehnenprobleme: Nr. 1, Nr. 5, Nr. 8, Nr. 11
Sehnenscheidenentzündung: Nr. 1, Nr. 3, Nr. 4, Nr. 5,
  Nr. 8, Nr. 9, Nr. 11
Sehnenverkürzung: Nr. 1
Selbstvertrauen, fehlendes: Nr. 1, Nr. 5, Nr. 6, Nr. 8,
  Nr. 11
Sensibilität: Nr. 2, Nr. 3, Nr. 7, Nr. 11
Sonnenstich, Sonnenbrand: Nr. 3, Nr. 5, Nr. 8
Stabilisierung wachsender Knochen: Nr. 1, Nr. 2
Starrsinn: Nr. 9
Steifheit: Nr. 7
Steinbildung in Blase, Gallenblase, Niere: Nr. 9
Stirnhöhlenvereiterung: Nr. 6, Nr. 12
Stoffwechselanregung: Nr. 4, Nr. 5, Nr. 6
Stoffwechselumstimmung: Nr. 6, Nr. 12
Stuhldrang: Nr. 7

T

Talgdrüsenentzündungen, -verstopfungen: Nr. 9
Taubheit: Nr. 1, Nr. 4
Teilnahmslosigkeit: Nr. 3, Nr. 5
Traurigkeit: Nr. 6, Nr. 8, Nr. 9

U

Übelkeit: Nr. 6, Nr. 8, Nr. 9, Nr. 10
Überbein: Nr. 1
Überempfindlichkeit: Nr. 3, Nr. 6, Nr. 7, Nr. 11
  – gegen Berührung: Nr. 4, Nr. 7, Nr. 11
  – gegen Geräusche: Nr. 11
  – gegen Kälte: Nr. 1, Nr. 2, Nr. 5, Nr. 7, Nr. 11
  – gegen Nässe: Nr. 8
Übererregbarkeit: Nr. 2, Nr. 5, Nr. 7
Überforderung: Nr. 2, Nr. 3, Nr. 5
Übergewicht: Nr. 9, Nr. 10
Übersäuerung: Nr. 9
Übersensibilität: Nr. 2, Nr. 11

Unruhe: Nr. 2, Nr. 3, Nr. 5, Nr. 7, Nr. 11
 – nachts: Nr. 5, Nr. 7, Nr. 11
Unsicherheit: Nr. 7, Nr. 11
Unverträglichkeit: Nr. 1, Nr. 4, Nr. 8, Nr. 9, Nr. 12

V

Verbesserung von Beschwerden:
 – durch Bewegung: Nr. 1, Nr. 3
 – durch Druck auf die schmerzende Stelle: Nr. 7, Nr. 10
 – durch Futteraufnahme: Nr. 1, Nr. 2
 – durch Liegen, Ruhe: Nr. 3, Nr. 5, Nr. 7, Nr. 8
 – durch Luft: Nr. 6, Nr. 9, Nr. 12
 – durch Trockenheit: Nr. 2, Nr. 10
 – durch Wärme: Nr. 2, Nr. 4, Nr. 7, Nr. 8, Nr. 11
Verbrennungen: Nr. 3, Nr. 4, Nr. 5, Nr. 8, Nr. 12
Verdauungsstörungen: Nr. 6, Nr. 9, Nr. 10, Nr. 12
Vereiterungen, stinkende: Nr. 6, Nr. 10, Nr. 12
Verhärtungen: Nr. 1, Nr. 11
Verkleben der Augenlider: Nr. 6
Verlangen nach Salz, Salzigem: Nr. 8
Verlangen nach Saurem: Nr. 9
Verlangen nach Süßem: Nr. 7
Verletzung, akute: Nr. 3, Nr. 11
Verschlimmerung von Beschwerden:
 – durch Ärger: Nr. 8, Nr. 9
 – durch Aufregung: Nr. 5, Nr. 8, Nr. 11
 – durch Berührung: Nr. 7, Nr. 10, Nr. 11
 – durch Bewegung: Nr. 1, Nr. 2, Nr. 3, Nr. 8
 – durch Futteraufnahme: Nr. 4, Nr. 8, Nr. 9
 – durch Hitze: Nr. 1, Nr. 8, Nr. 9
 – durch Kälte: Nr. 1, Nr. 2, Nr. 5, Nr. 7, Nr. 11
 – durch Lärm: Nr. 8, Nr. 11
 – durch Liegen: Nr. 7, Nr. 8, Nr. Nr. 10, Nr. 11
 – durch Nässe: Nr. 1, Nr. 10, Nr. 11, Nr. 12
 – durch Ruhe: Nr. 1, Nr. 3
 – durch Wärme: Nr. 6, Nr. 12
 – durch Wetterwechsel: Nr. 1, Nr. 2, Nr. 11
Verstopfung: Nr. 3, Nr. 5, Nr. 6, Nr. 8, Nr. 10, Nr. 11
 – im Wechsel mit Durchfall: Nr. 10

W

Wachstumsbeschwerden: Nr. 2
Wachstumsverzögerung: Nr. 1, Nr. 2
Warzen: Nr. 1, Nr. 2, Nr. 4, Nr. 5, Nr. 8, Nr. 10
Wassereinlagerungen: Nr. 5, Nr. 8, Nr. 10
Wasserhaushalt regulierend: Nr. 8, Nr. 9
Wehenschwäche: Nr. 7
Wunden, infiziert, eitrig: Nr. 5, Nr. 9, Nr. 11, Nr. 12
Wunden, schlecht heilend: Nr. 3, Nr. 11, Nr. 12
Wunden, stark blutend: Nr. 3
Wundheilung, verzögert: Nr. 1, Nr. 3, Nr. 11

Z

Zahnerkrankungen: Nr. 1, Nr. 2, Nr. 9, Nr. 12
Zahnfisteln: Nr. 11, Nr. 12
Zahnfleischentzündung: Nr. 3, Nr. 5, Nr. 11
  – chronisch, stinkend: Nr. 6, Nr. 10, Nr. 12
  – mit starker Schwellung: Nr. 2, Nr. 5, Nr. 6, Nr. 8, Nr. 10

Zahnfleischschwund (Parodontose): Nr. 1, Nr. 5, Nr. 8, Nr. 11
Zahnhalskaries: Nr. 9
Zahnschmelzdefekte: Nr. 1, Nr. 8, Nr. 9, Nr. 11
Zahnschmelz härtend: Nr. 1
Zahnwechsel: Nr. 1, Nr. 2
Zahnwurzeldefekte: Nr. 9
Zehrende Erkrankungen: Nr. 3, Nr. 5
Zerrungen, akut: Nr. 1, Nr. 2, Nr. 3, Nr. 11
Zittern: Nr. 3, Nr. 5, Nr. 7, Nr. 10, Nr. 11
Zuckungen, unwillkürliche: Nr. 7, Nr. 11
Zwergwuchs: Nr. 2

> **TIPP**
>
> **Angstprobleme**
> Wenn Katzen schlimme Erfahrungen gemacht haben, zum Beispiel verwildert eingefangen wurden, stehen sie angstbedingt oft unter Dauerstress. Das macht sie anfällig für alle möglichen Erkrankungen. Eine Behandlung mit den Nervensalzen Nr. 2 Calcium phosphoricum, Nr. 5 Kalium phosphoricum und Nr. 7 Magnesium phosphoricum macht sie gelassener und stärkt die Abwehr.

Es gibt genügend Erkrankungen, bei denen eine Behandlung allein mit Schüßler-Salzen nicht ausreicht. Doch können diese oft unterstützend eingesetzt werden. Grundsätzlich beein-

SCHULMEDIZIN

Wenn im Organismus irreversible Schädigungen vorliegen, kann die Schulmedizin in vielen Fällen mit starken Medikamenten steuernd eingreifen, wie zum Beispiel bei Herzerkrankungen. Schüßler-Salze helfen, diese Therapien verträglicher zu machen und Nebenwirkungen auszugleichen.

OPERATIONEN, CHIRURGISCHE MASSNAHMEN

Bei Unfällen mit Knochenbrüchen, Bänderrissen usw. ist eine Operation oft unumgänglich, ebenso bei Tumorerkrankungen. Bei geplanten Eingriffen kann die Katze mit Schüßler-Salzen darauf vorbereitet werden, nach Notoperationen können diese in der Heilungsphase unterstützend eingesetzt werden.

MINERALSTOFF- UND SPURENELEMENTPRÄPARATE

Bei Mangelerscheinungen müssen Mineralstoffe und Spurenelemente in geeigneter Form zugeführt werden, denn Schüßler-Salze können einen absoluten Mangel nicht ausgleichen. Aber sie können dem Organismus helfen, Futterzusätze im Darm aufzunehmen und verwertbar zu machen.

HEILPFLANZENANWENDUNG (PHYTOTHERAPIE)

Bei chronisch-degenerativen Problemen am Bewegungsapparat oder bei Lebererkrankungen können zur Langzeittherapie auch Zubereitungen aus Pflanzen wie zum Beispiel Teufelskralle, Weihrauch oder Mariendistel eingesetzt werden, wenn die Schüßler-Salze nicht die optimale Wirkung erbracht haben.

trächtigen oder verstärken Schüßler-Salze die Wirksamkeit anderer Medikamente oder Therapieformen nicht. Die folgende Übersicht bietet sinnvolle Kombinationen.

HOMÖOPATHIE
Bei einer klassisch-homöopathischen Behandlung mit Einzelmitteln sollten gleichzeitig keine anderen Therapieverfahren eingesetzt werden. Da die Schüßler-Salze einen anderen Ansatzpunkt haben als die Homöopathie, schließen sich beide Therapieformen nicht aus.

AKUPUNKTUR (AKUPRESSUR)
In der Traditionellen Chinesischen Medizin werden äußerlich angewandte Maßnahmen wie Akupunktur und Akupressur durch innerlich angewandte wie Kräutertherapie ergänzt. Deshalb können die Schüßler-Salze als innerlich angewandte Medikamente ergänzend eingesetzt werden.

BACH-BLÜTEN-THERAPIE
Bei psychosomatischen Problemen oder Verhaltensstörungen werden für die Katze individuell zusammengestellte Bach-Blüten-Mischungen eingesetzt. Hier können Schüßler-Salze zusätzlich für Ausgleich auf der Körperebene sorgen, denn Körper und Psyche beeinflussen sich gegenseitig.

ENERGETISCHE THERAPIEMASSNAHMEN (WIE REIKI)
Immer mehr Menschen beschäftigen sich mit Energiearbeit und setzen sie bei ihren kranken Tieren unterstützend ein. Bei akuten und nicht schwerwiegenden Erkrankungen sind die Schüßler-Salze hervorragend geeignet, die bestehenden Symptome wie Erbrechen oder Durchfall zu behandeln.

Vorbeugen mit Schüßler-Salzen

Lassen Sie es erst gar nicht so weit kommen. Beugen Sie Krankheiten rechtzeitig vor. Die Biochemie nach Schüßler bietet eine Reihe von Rezepten und Kuren, die alle Katzen – von jung bis alt – das ganze Jahr fit halten.

Kuren mit Schüßler-Salzen

Bei gesunden wie auch bei alten oder chronisch erkrankten Tieren, die bereits schulmedizinisch behandelt
werden, können Schüßler-Salz-Kuren den Allgemein-
zustand erhalten oder verbessern. Mit Kombinationen
bestimmter Salze – 4 bis 8 Wochen gegeben – lässt sich
der Gesundheitszustand stabilisieren. Auch altersbedingt
nachlassende Organfunktionen können Sie mildern.
Bei Beschwerden an verschiedenen Organsystemen ist es
sinnvoll, von einem erfahrenen Therapeuten einen indi-
viduellen Behandlungsplan erstellen zu lassen.
Bei Beschwerden eines bestimmten Organsystems haben
sich Kurpakete aus 2 bis 3 verschiedenen Salzen gut bewährt. Pro Salz wird 1- bis 2-mal täglich eine Gabe (Dosierung → Seite 124) über 4 bis 8 Wochen gegeben.
Nachfolgend erhalten Sie Kurvorschläge bei häufig vor-
kommenden Problemen, die auch der Laie erkennen
kann. Sind Sie sich unsicher, fragen Sie einen Tierarzt.

Haut- und Fellkuren: Das Fell der Katze sollte seidig
glänzend und weich sein, ohne Schuppen und geruch-
los. Eine Kur – vor allem während der Fellwechselzeiten
– kann ein strapaziertes Fell wieder ins Lot bringen:
➤ Nr. 1 Calcium fluoratum D12 – festigt die Haut
➤ Nr. 8 Natrium chloratum D6 – reguliert den Feuch-
tigkeitshaushalt der Haut
➤ Nr. 11 Silicea D12 – verbessert die Haarstruktur

Stumpfes Haarkleid: Ist das Fell durch Fellwechsel,
Krankheiten oder Witterungseinflüsse stumpf und matt
geworden, kann folgende Kombination helfen:
➤ Nr. 3 Ferrum phosphoricum D12 – wachstumsför-
dernd
➤ Nr. 11 Silicea D12 – strukturverbessernd
➤ Nr. 21 Zincum chloratum D6 – wachstumsfördernd
(Ergänzungsmittel)

Fettiges Fell: Sind die Haare am Rücken miteinander
verklebt und fühlt sich das ganze Fell klebrig an, sondert

die Haut zu viel Talg ab. Zur Regulierung helfen:

➤ Nr. 8 Natrium chloratum D6 – reguliert die Feuchtigkeit

➤ Nr. 9 Natrium phosphoricum D6 – reguliert den Säurespiegel im Organismus

➤ Nr. 10 Natrium sulfuricum D6 – fördert die Ausscheidung

Schuppiges Fell: Wenn das Fell mit weißlich gelblichen Hautschüppchen übersät ist, sollte die Katze folgende Hautkur gegen Schuppen bekommen:

➤ Nr. 8 Natrium chloratum D6 – reguliert die Hautfeuchtigkeit

➤ Nr. 10 Natrium sulfuricum D6 – fördert die Ausscheidung von Stoffwechselschlacken

➤ Nr. 12 Calcium sulfuricum D6 – wirkt hautreinigend

Juckreiz: Beleckt die Katze Rücken, Rumpf oder Bauch so vehement, dass die Haare brechen, helfen die folgenden Salze:

➤ Nr. 2 Calcium phosphoricum D6 – beruhigt die Nerven

➤ Nr. 7 Magnesium phosphoricum D6 – hilft gegen Juckreiz

➤ Nr. 11 Silicea – beeinflusst die Hautsensibilität positiv

Splitternde Krallen: Wenn die Krallen der Katze beim Kratzen am Kratzbaum splittern, können Sie die Struktur des Krallenhorns wie folgt verbessern:

➤ Nr. 1 Calcium fluoratum D12 – festigt Knochen und Nägel

TIPP

Nr. 11 Silicea
Bei Katzen mit empfindlicher Haut, die nach geringsten Verletzungen zu hartnäckigen Eiterungen neigt, kann das Schüßler-Salz Nr. 11 Silicea kombiniert werden mit einem Biotin- und Zinkpräparat (vom Tierarzt). Beide Präparate verabreichen Sie für 2 bis 3 Monate kurmäßig. Silicea verbessert die Haut- und Haarstruktur, Biotin und Zink stärken die lokale Abwehr.

➤ Nr. 11 Silicea D12 – festigt das Horngewebe der Zehennägel

Übergewicht: Bei Übergewicht kann neben einer kalorienreduzierten Fütterung und Spielstunden eine Kur mit Schüßler-Salzen das Abnehmen unterstützen:
➤ Nr. 5 Kalium phosphoricum D6 – regt Stoffwechsel und Verdauung an
➤ Nr. 9 Natrium phosphoricum D6 – reguliert den Fettstoffwechsel
➤ Nr. 10 Natrium sulfuricum D6 – fördert die Ausscheidung

Schlaffes Bindegewebe: Neigt eine Katze zu schlaffer Haut mit Hautfalten oder zu einem ausgeprägten Hängebauch, können Sie das Bindegewebe straffen:
➤ Nr. 1 Calcium fluoratum D12 – bringt Elastizität
➤ Nr. 6 Kalium sulfuricum D6 – wirkt eiweißaufbauend
➤ Nr. 11 Silicea D12 – wirkt restrukturierend

Muskel- und Gelenkbeschwerden: Ist Ihre Katze nicht mehr so beweglich wie in jungen Jahren und meidet Sprünge, ist es möglich, dass sie Schmerzen hat. Eine Kur mit folgenden Salzen kann ihr helfen:
➤ Nr. 1 Calcium fluoratum D12 – stabilisiert Knochen, Bänder, Muskeln und Sehnen
➤ Nr. 3 Ferrum phosphoricum D12 – wirkt gegen Schmerzen und Entzündungen
➤ Nr. 7 Magnesium phosphoricum D6 – wirkt entspannend auf verhärtete Muskulatur

Nervosität und Unruhe: Die Katze als nachtaktives Tier bringt oft durch Jammern oder Miauen ihre Besitzer um die Nachtruhe. Manche Rassen wie Siamkatzen neigen zu Nervosität und Hyperaktivität. Hier kann eine Kombination aus folgenden Salzen helfen:
➤ Nr. 2 Calcium phosphoricum D6 – wirkt entkrampfend und beruhigend
➤ Nr. 5 Kalium phosphoricum D6 – stabilisiert Nerven und Psyche

➤ Nr. 7 Magnesium phosphoricum D6 – entspannt die Muskulatur, vermindert die Erregbarkeit

Angstprobleme: Häufig entwickeln Katzen zunehmend Ängste, die das Zusammenleben stark beeinträchtigen und schwierig zu behandeln sind. Bei akut auftretenden Angstproblemen muss schnell gehandelt werden. Eine Kur mit folgenden Schüßler-Salzen gleicht die Psyche aus:

Manche Katzen nehmen die biochemischen Präparate gern freiwillig, denn sie schmecken leicht süßlich.

➤ Nr. 5 Kalium phosphoricum D6 – wirkt beruhigend auf das Nervensystem
➤ Nr. 7 Magnesium phosphoricum D6 – entspannt die Muskulatur, senkt die Erregbarkeit
➤ Nr. 11 Silicea D12 – mindert Geräusch- und Lichtempfindlichkeit

Individuelle Kuren mit Schüßler-Salzen
Selbstverständlich können Sie für Ihre Katze auch ganz individuelle Kuren mit Schüßler-Salzen zusammenstellen. Bewährt hat sich die Arbeit mit 3 Komponenten:
1. Typmittel: Salz, das am besten zur Katze passt, zum Beispiel Nr. 2 Calcium phosphoricum D6 für hochgewachsene, ängstliche Tiere
2. Organmittel: Salz, das dem betroffenen Organ zugeordnet werden kann, wie Nr. 9 Natrium phosphoricum D6 für die Nieren
3. Beschwerdemittel: Salz, das am besten zu den bestehenden Beschwerden passt, etwa Nr. 7 Magnesium phosphoricum D6 bei Neigung zu Krämpfen
Eine vorbeugende Kur sollte 4 bis 8 Wochen dauern und kann mehrmals im Jahr wiederholt werden. Dazwischen eine Therapiepause von 4 bis 8 Wochen einlegen.

MINERALSTOFFE UND FUTTER

Lebensmittel können die Behandlung mit Mineralsalzen unterstützen. Wenn Ihre Katze Abwechslung mag, können Sie bis zu 1/4 der täglichen Futtermenge durch solche Lebens-

NR. 1 – CALCIUM FLUORATUM
Hafer, Hirse, Vollkorngetreide, Milch, Käse, Brennnessel, Brokkoli, Leinsamen, Krabben, Kresse, Mohn, Petersilie, Pilze, Sauerkraut, Sesam, Sojabohnen, -mehl, Spinat

NR. 2 – CALCIUM PHOSPHORICUM
Mandeln, Gurken, Hafer, Sojabohnen, weiße Bohnen, Brunnen-, Gartenkresse, Buttermilch, Erbsen, Haselnüsse, Kichererbsen, Kürbiskerne, Löwenzahn, Petersilie, Wurzelgemüse

NR. 3 – FERRUM PHOSPHORICUM
Spinat, Haselnüsse, Naturreis, Schnittlauch, Sesam, Kürbiskerne, Hirse, Bierhefe, Buchweizen, Tomaten, Rosinen, Rote Bete, Soja, Wildfleisch

NR. 4 – KALIUM CHLORATUM
Gurken, Löwenzahn, Haselnüsse, Linsen, Spinat, Knollensellerie, Banane, Bierhefe, Fisch, Gans, Geflügel, Kaninchen, Kartoffeln, Rindfleisch, Wurzelgemüse

NR. 5 – KALIUM PHOSPHORICUM
Weiße Bohnen, Sojabohnen, Gurken, Mandeln, Spinat, Rindfleisch, Haselnüsse, Erbsen, Linsen, Fisch, Geflügel, Gerste, Grünkern, Knoblauch, Leber, Sonnenblumenkerne, Sprotten

NR. 6 – KALIUM SULFURICUM
Meerrettich, Rindfleisch, Haselnüsse, Mandeln, Spinat, Dinkel, Fisch, Gurken, Kichererbsen, Kürbiskerne, Roggen, Sesam, Weizen

mittel ersetzen, die den von der Katze benötigten Mineralstoff reichlich enthalten (kursiv geschrieben = besonders konzentriert). Bitte langsam an neue Futterzutaten gewöhnen.

NR. 7 – MAGNESIUM PHOSPHORICUM

Weiße Bohnen, Mais, Roggen, Sojabohnen, Weizen, Dinkel, Gerste, Hirse, Kohlrabi, Kürbiskerne, Leinsamen, getrocknete Pilze, Naturreis, Seelachs

NR. 8 – NATRIUM CHLORATUM

Linsen, Löwenzahn, Rote Bete, Radieschen, Brennnessel, Fische, Gans, Feldsalat, Fenchel, grüne Oliven, Stauden- und Knollensellerie, Hartkäsesorten

NR. 9 – NATRIUM PHOSPHORICUM

Linsen, Rindfleisch, Schwarzwurzel, Kohlrabi, Hafer, Karotten, Käse, Kürbiskerne, Löwenzahn, marinierte Fische, Rettich, Schinken, Sesamsamen, Spargel, Spinat, alle Würste

NR. 10 – NATRIUM SULFURICUM

Brunnenkresse, Linsen, Rindfleisch, Spinat, Feldsalat, Fenchel, Gans, Garnelen, Hammelfleisch, Kabeljau, Roggen, Schwertfisch, Sprotten

NR. 11 – SILICEA

Hirse, Hafer, Naturreis, Vollgetreide, Brennnessel, Erbsen, Gerste, Gurken, Kartoffeln, Lauch, Mais, Petersilie, Rettich, Roggen, Rote Bete, Vollkornreis, Weizen

NR. 12 – CALCIUM SULFURICUM

Gurken, Hafer, Linsen, Mandeln, Brokkoli, Brunnen-, Gartenkresse, Grünkohl, Erbsen, Hartkäsesorten, Haselnüsse, Kohlrabi, Petersilienblätter, Schafskäse, Schnittlauch, Sojabohnen

Frühjahrskur

Das Frühjahr ist die Jahreszeit für Reinigung und Entschlackung. Wenn sich in der Natur das erste Grün zeigt, ist es Zeit, den Ballast des Winters loszuwerden. Wurde früher gefastet – nicht zuletzt, weil die Wintervorräte aufgebraucht waren –, greifen wir Menschen heute lieber zu Pflanzensäften oder Tees, um zu entschlacken. Unsere Katzen akzeptieren diese oft wegen ihres ungewohnten Geschmacks nicht, deshalb ist die Biochemie nach Schüßler eine Alternative, die auf den Stoffwechsel sanft und tief greifend wirkt. Die folgenden Kuren mit Schüßler-Salzen eignen sich gerade im Frühjahr besonders gut für Katzen (→ Dosierung Seite 162).

Entschlackungskur: Über den Winter haben sich durch wenig Sonnenlicht und die Heizungsluft im Organismus Schlackenstoffe angesammelt. Diese können mit folgenden Schüßler-Salzen ausgeschieden werden:
➤ Nr. 2 Calcium phosphoricum – wirkt regenerierend
➤ Nr. 6 Kalium sulfuricum – regt die Lebertätigkeit an
➤ Nr. 10 Natrium sulfuricum – fördert die Ausscheidung von Schlackenstoffen
Von allen 3 Salzen gibt man täglich 1/2 bis 1 Tablette auf 1/4 l Wasser, das die Katze tagsüber zum Trinken bekommt. Auch wenn der Milchzucker sich am Boden absetzt, ist die Wirksamkeit nicht beeinträchtigt.

Magenkur: Wenn im Frühjahr draußen die ersten Grashalme sprießen, sind viele Katzen ganz versessen darauf, Gras zu fressen. Oft erbrechen sie danach und entwickeln schnell eine Magenschleimhautentzündung. Um den empfindlichen Magen zu stärken, hat sich folgende Kur bewährt:
➤ Nr. 4 Kalium chloratum – stärkt die Magenschleimhaut
➤ Nr. 8 Natrium chloratum – unterstützt die Bildung des schleimhautschützenden Mucins
➤ Nr. 9 Natrium phosphoricum – reguliert die Säure im Magen

Darmreinigungskur: Neigen Katzen dazu, immer wieder – vor allem aber morgens nach dem Aufstehen – stinkenden Durchfall mit Blähungen zu haben, kann eine Darmreinigungskur mit Schüßler-Salzen gerade im Frühjahr den Aufbau einer gesunden Darmflora entsprechend fördern:

➤ Nr. 5 Kalium phosphoricum – wirkt gegen Darmfäulnisprozesse

➤ Nr. 9 Natrium phosphoricum – wirkt säureregulierend

➤ Nr. 10 Natrium sulfuricum – regt die Ausscheidung an

➤ Nr. 11 Silicea – wirkt blähungshemmend bei starker Gasbildung

Aufbaukur: Gerade ältere Tiere müssen über den Winter ihre ganzen Energiereserven mobilisieren, um gesund zu bleiben. Zusätzlich macht ihnen unser wechselhaftes Wetter im Frühjahr zu schaffen. Hier kann eine Kur mit folgenden Präparaten aufbauend wirken:

➤ Nr. 2 Calcium phosphoricum D6 – fördert den Blut-, Eiweiß- und Zellaufbau

➤ Nr. 3 Ferrum phosphoricum D12 – reichert das Blut mit Sauerstoff an

➤ Nr. 5 Kalium phosphoricum – stärkt bei allen Arten von Schwächezuständen

➤ Nr. 6 Kalium sulfuricum – verbessert die Sauerstoffversorgung in den Geweben

EXTRATIPP

Für die Leber

Im Frühjahr wirken alle Maßnahmen, die den Leberstoffwechsel anregen, besonders gut. Die Leber als zentrales Entgiftungsorgan braucht regelmäßig Unterstützung, um ihre Aufgaben bewältigen zu können. Dabei können Sie Schüßler-Salze wie zum Beispiel Nr. 6 Kalium sulfuricum D6, Nr. 9 Natrium phosphoricum D6, Nr. 10 Natrium sulfuricum D6 oder Nr. 12 Calcium sulfuricum D6 sehr gut kombinieren mit pflanzlichen Präparaten wie etwa Mariendistel oder Artischocke.

Herbstkur

Im Herbst müssen Immunsystem, Bewegungsapparat und Nieren gestärkt werden, um die Katze auf den Winter vorzubereiten. Ältere Tiere mit verminderter Anpassungsfähigkeit profitieren von vorbeugenden Maßnahmen, mit denen Sie bereits ab September beginnen sollten. Behandeln Sie Ihre Katze konsequent über 4 bis 6 Monate mit den für sie passenden Salzen.

Folgende Kuren haben sich im Herbst besonders bewährt (→ Dosierung Seite 162):

Immunkur: Wenn Katzen zu Erkrankungen der oberen Atemwege und Katzenschnupfen neigen, kann ihr Immunsystem mit folgenden Salzen stabilisiert werden:
➤ Nr. 3 Ferrum phosphoricum – reichert das Blut mit Sauerstoff an
➤ Nr. 6 Kalium sulfuricum – macht Haut- und Schleimhautzellen widerstandsfähiger
➤ Nr. 7 Magnesium phosphoricum – stärkt die körpereigene Abwehr

Erschöpfung: Wenn Katzen in der kalten Jahreszeit Tag und Nacht fast nur noch schlafen, ohne ernsthaft krank zu sein, können folgende Salze aktivierend wirken:
➤ Nr. 5 Kalium phosphoricum – stärkt bei Schwächezuständen
➤ Nr. 6 Kalium sulfuricum – regt den Stoffwechsel an

Nieren- und Blasenkur: Bei Nieren- und Blasenentzündungen im Herbst und Winter zeigen Katzen oft kaum Symptome. Dazu trinken sie meist wenig, sodass es vor allem bei Katern schnell zu Harnröhren- und Blasengrieß kommt. Folgende Mittel wirken blasenstärkend:
➤ Nr. 4 Kalium chloratum D6 – wirkt entzündungshemmend bei Abgang von Schleimhautfetzen
➤ Nr. 9 Natrium phosphoricum – wirkt Stein- und Grießbildung entgegen
➤ Nr. 10 Natrium sulfuricum – unterstützt die Harnausscheidung

Hustenkur: Im Herbst und Winter gehen Katzen oft kaum nach draußen. Die trockene Heizungsluft kann zu einem hartnäckigen Reizhusten führen. Um die Lungenfunktion zu stärken, hat sich folgende Kur bewährt:

➤ Nr. 3 Ferrum phosphoricum – stärkt die Abwehr
➤ Nr. 4 Kalium chloratum – unterstützt die Schleimhaut
➤ Nr. 7 Magnesium phosphoricum – beruhigt den Hals bei Reizhusten

Knochen- und Rheumakur: Bei degenerativen und chronisch entzündlichen Erkrankungen des Bewegungsapparates wie Arthrosen und rheumatischen Beschwerden kann folgende Kur die Gelenksituation verbessern, entzündliche Prozesse und Schmerzen beeinflussen:

➤ Nr. 4 Kalium chloratum – löst faserhaltige Ausschwitzungen in Gelenken
➤ Nr. 7 Magnesium phosphoricum – wirkt schmerzstillend und knochenaufbauend
➤ Nr. 10 Natrium sulfuricum – wirkt ausleitend
➤ Nr. 11 Silicea – wirkt stabilisierend auf das Bindegewebe
➤ Nr. 17 Manganum sulfuricum – wirkt stoffwechselaktivierend (Ergänzungsmittel)
➤ Nr. 22 Calcium carbonicum – wirkt knochenaufbauend (Ergänzungsmittel)

Von jedem der 6 Mittel wird eine Tablette täglich in 1/4 l heißem Wasser aufgelöst und der Katze für mindestens 4 Wochen noch warm als Getränk angeboten.

> **TIPP**
>
> **Erkältungskrankheiten**
> Gerade im Winter kann sich bei der Katze aus einer harmlosen Erkältung schnell ein hartnäckiger Schnupfen oder eine schwere Lungenentzündung entwickeln. Neben einer Kur mit Nr. 3 Ferrum phosphoricum, Nr. 4 Kalium chloratum und Nr. 6 Kalium sulfuricum kann eine Messerspitze Ingwer im Futter helfen, die Abwehr zu stabilisieren.

SCHÜSSLER-SALZE IM JAHRESVERLAUF

Hat Ihre Katze eine schwere Erkrankung überstanden, kränkelt sie des Öfteren oder ist chronisch krank, können Sie eine Jahreskur mit den biochemischen Mitteln durchführen. Jedes

JANUAR

NR. 8 – NATRIUM CHLORATUM

Wenn Ihre Katze in der kalten Jahreszeit wenig trinkt, sorgt Natrium chloratum für die Regulation des Flüssigkeitshaushaltes und schafft genügend Wasser in die Zellen.

FEBRUAR

NR. 3 – FERRUM PHOSPHORICUM

Gegen Ende des Winters steigt die Infektanfälligkeit. Ferrum phosphoricum stabilisiert das Immunsystem, wirkt stoffwechselaktivierend und bringt Sauerstoff ins Blut.

MÄRZ

NR. 5 – KALIUM PHOSPHORICUM

Als Auswirkung von Herbst und Winter kann sich eine allgemeine Erschöpfung und Depression zeigen, der Kalium phosphoricum mit seiner aufbauenden Wirkung begegnet.

APRIL

NR. 10 – NATRIUM SULFURICUM

Wenn es wärmer wird, ist im Frühjahr Entgiftung und Entschlackung angesagt. Natrium sulfuricum regt die Ausscheidungsprozesse über Darm, Nieren und Haut an.

MAI

NR. 4 – KALIUM CHLORATUM

Im Frühjahr, wenn alles blüht, wird durch Kalium chloratum die Funktion der Schleimhäute stabilisiert, damit es nicht zu festsitzenden Schleimhautkatarrhen kommt.

JUNI

NR. 1 – CALCIUM FLUORATUM

Jetzt sind Knochen, Bänder und Bindegewebe dran. Deren Festigkeit und Elastizität wird durch Calcium fluoratum vor allem bei Jungtieren und Senioren verbessert.

Salz verabreichen Sie 1-mal täglich – je nach Größe der Katze 1/2 bis 1 Tablette – über einen Zeitraum von etwa 4 Wochen. Dabei ist jedem Monat ein Mittel zugeordnet.

JULI

NR. 7 – MAGNESIUM PHOSPHORICUM

Im Sommer füllt das krampflösende Magnesium phosphoricum die Speicher auf, wirkt schmerzstillend auf die Muskulatur und dämpft das Immunsystem.

AUGUST

NR. 6 – KALIUM SULFURICUM

Zur Erntezeit regt Kalium sulfuricum die Lebertätigkeit an und reguliert die Hautfunktion. Es sorgt dafür, dass in Haut und Schleimhäuten möglichst viele neue Zellen gebildet werden.

SEPTEMBER

NR. 9 – NATRIUM PHOSPHORICUM

Im beginnenden Herbst erfolgen viele Auf-, Ab- und Umbauvorgänge im Körper. Natrium phosphoricum entsäuert, denn es kann Säuren zu Kohlensäure und Wasser zerlegen.

OKTOBER

NR. 12 – CALCIUM SULFURICUM

Bevor es in die kalte Jahreszeit geht, werden die Gelenke durch Calcium sulfuricum gestärkt. Haut, Schleimhaut und Drüsen werden von Eiterungen befreit.

NOVEMBER

NR. 11 – SILICEA

Die Bindegewebedepots werden jetzt mit Silicea aufgefüllt, Strukturen werden gefestigt, damit der Organismus gerüstet ist für die Anforderungen, die in den kalten Monaten kommen.

DEZEMBER

NR. 2 – CALCIUM PHOSPHORICUM

Zum Ende des Jahres stabilisiert Calcium phosphoricum den Organismus. Es fördert den Eiweiß- und Zellaufbau und die Aufnahme von Kalzium im Darm.

Fachbegriffe von A bis Z

Hier werden medizinische Fachbegriffe erklärt, die im Buch vorkommen und dort nicht erklärt wurden. Ein → verweist auf ein weiteres Stichwort.

➤ Akut
Von lateinisch: acutus = scharf, bedrohlich; im medizinischen Sinn plötzlich auftretende, schnell oder heftig verlaufende Krankheiten.

➤ Alkalisch
Alkalische Reaktion, auch basische Reaktion von Verbindungen, die in Wasser gelöst Hydroxidionen (-OH) abspalten können und mit Säuren basische, neutrale oder saure Salze bilden.

➤ Aminosäuren
Einfachste Bausteine der Eiweiße. Organische Säuren, bei denen eine Aminogruppe (-NH$_2$) ein an ein Kohlenstoffatom gebundenes Wasserstoffatom ersetzt.

➤ Anämie
Blutarmut, Verminderung der Zahl der roten Blutkörperchen (Erythrozyten), der Konzentration des Blutfarbstoffes (Hämoglobin) oder Verminderung der zellulären Bestandteile des Blutes.

➤ Antiseptika
Mittel gegen Wundinfektionen, die möglichst rasch schädliche Bakterien abtöten; gegen Wundinfektionen wirkend (antiseptisch).

➤ Aphthen
Von einem entzündlichen Randsaum umgebene Hautveränderung der Mundschleimhaut mit weißlichem Belag (→ Fibrin).

➤ Apothekenpflichtig
Medikament, das nur in einer Apotheke (= amtlich kontrollierte Verkaufs- und Zubereitungsstelle für Arzneimittel) verkauft werden darf.

➤ Arthrose
Degenerative Gelenkerkrankung, die durch ein Missverhältnis zwischen Leistungsfähigkeit des Gelenks und seiner Beanspruchung entsteht. Überbeanspruchung von Gelenken führt zu Arthrosen. Es kommt zu Knorpeldefekten und Knochenzubildungen an den gelenkbildenden Knochen.

➤ Asthma
Anfallweise auftretende hochgradige Atemnot; meist in Zusammenhang mit einer Verengung der Bronchien durch entzündliche Verän-

derungen. Asthma kann durch Allergien ausgelöst werden.

➤ **Atrophie**
Rückbildung eines Organs oder Gewebes infolge mangelnder Aktivität.

➤ **Autonomes Nervensystem**
(→ Vegetatives Nervensystem); Teil des Nervensystems, der willentlich nicht beeinflussbar ist.

➤ **Bronchitis**
Akute oder chronische Entzündung der Schleimhaut, die die Bronchien (= baumförmige Verzweigungen der beiden Hauptäste der Luftröhre) auskleidet.

➤ **Chronisch**
Sich langsam entwickelnde, langsam und eher schleichend verlaufende Krankheiten.

➤ **Cystein (Cystin)**
Eiweißbaustein, Aminosäure mit einer reaktionsfähigen Schwefelwasserstoffgruppe.

➤ **Degenerativ, Degeneration**
Entartung von Zellstrukturen infolge von Schädigung der Zellen, z.B. durch Stoffwechselstörungen; Zellen verändern sich und können ihre ursprüngliche Funktion nicht mehr erfüllen.

➤ **Demenz**
Oberbegriff für eine Veränderung der geistigen Fähigkeiten mit Gedächtnis-, Denk- und Orientierungsstörungen; kommt vor allem bei alten Katzen vor.

➤ **Demineralisation**
Verarmung des Körpers an Mineralien; als Folge entsteht z. B. bei mineralienarmer Ernährung → Rachitis.

➤ **Diabetes**
Diabetes mellitus, Zuckerkrankheit; durch einen Mangel an Insulin bedingte Erkrankung, die häufiger ältere Katzen betrifft.

➤ **Dilution**
Verdünnung; bei flüssigen Zubereitungen von homöopathischen Mitteln spricht man von Dilutionen.

➤ **Diphtherie**
Schwere, in früheren Zeiten oft tödlich verlaufende Infektionskrankheit des Menschen mit Auflagerung von Bakterien und Belägen auf Mandeln und Rachen; geht mit Atembeschwerden einher.

➤ **Ekzem**
Flächenhafte, entzündliche, nässende oder krustige Hautveränderung mit Knötchen, Bläschen und starkem Juckreiz; häufig vorkommend bei Allergien.

➤ **Elastin**
Eiweißstoff des elastischen Bindegewebes; sorgt für Elastizität von Bindegewebe.

➤ **Elektrosmog**
Von englisch »smog« = rauchdurchsetzter Nebel; die elektromagnetische Umweltbelastung durch Bahnleitungen, Hochspannungsleitungen, Mobilfunksender, Radio- und Fernsehsender usw.

➤ **Enzyme**
(Auch Fermente); Eiweiße, die als Katalysatoren (Substanzen, die chemische Reaktionen beeinflussen können) im lebenden Organismus chemische Reaktionen beschleunigen.

➤ **Epileptiforme Anfälle**
Krampfanfälle, die denen einer Epilepsie (= Fallsucht; Krampfanfälle mit Bewusstseinsverlust) ähneln.

➤ **Epithel**
Geschlossener, ein- oder mehrschichtiger Zellverband ohne Blutgefäße, der innere oder äußere Körperoberflächen bedeckt.

➤ **Essenziell**
Wesentlich; z. B. lebensnotwendige Nährstoffe, die dem Organismus zugeführt werden müssen, weil er sie nicht selbst herstellen kann, wie etwa Mineralien.

➤ **Exsudat**
Von lateinisch »exsudare« = ausschwitzen; im Verlauf von Entzündungen in Geweben oder Körperhöhlen austretende Flüssigkeit.

➤ **Extrazellularflüssigkeit**
Die außerhalb der Zelle befindliche Flüssigkeit; enthält Nähr- und Schlackenstoffe.

➤ **Extrazellularraum**
Raum zwischen Zellen, in dem sich die → Extrazellularflüssigkeit befindet.

➤ **Fibrin**
Hochmolekularer, fadenförmiger, nicht wasserlöslicher Eiweißstoff, der aus → Fibrinogen entsteht.

➤ **Fibrinogen**
Im Blutplasma gelöstes Eiweiß (Faktor I der Blutgerinnung), das durch Aktivierung zu einer fadenförmigen Masse (→ Fibrin) wird; wird in der Leber gebildet.

➤ **Fibrinolytisch**
→ Fibrin abbauend

➤ **Fibrinös**
durch → Fibrinbeimischung
gerinnend, z. B. fibrinöses →
Exsudat.

➤ **Feline Infektiöse
Peritonitis (FIP)**
Tödlich verlaufende Infektionskrankheit von Katzen,
ausgelöst durch ein Corona-Virus; geht mit Fressunlust,
hohem Fieber und Ergüssen in Bauch- und Brusthöhle einher.

➤ **FUS = Felines Urologisches Syndrom**
Heute: LUTD (lower urinary tract disease); Erkrankung der unteren Harnwege
mit Blut, Bakterien oder
Kristallen im Urin; starker
Harndrang und Harnwegsverlegung.

➤ **Gerstenkorn**
(Auch Hordeolum); Abszess
der Liddrüsen durch eine
bakterielle Entzündung.

➤ **Gicht**
Stoffwechselstörung beim
Menschen, die zur Ablagerung von Harnsäure in
Gelenken führt; kommt bei
der Katze extrem selten vor.

➤ **Globuli**
Von lateinisch »globulus« =
Kügelchen; Darreichungsform von Medikamenten
aus der Homöopathie;
Streukügelchen, bestehend
aus Rohrzucker.

➤ **Glykogen**
Tierische Stärke, Reservekohlenhydrat in Leber und
Muskulatur bei Mensch und
Tier; unlösliche Speicherform von Glucose, dem
Blutzucker.

➤ **Grauer Star**
Erkrankung, bei der die
Augenlinse trüb und undurchsichtig wird; kommt
bei der Katze häufig im fortgeschrittenen Alter vor.

➤ **Hämoglobin**
Roter Blutfarbstoff; in den
roten Blutkörperchen (Erythrozyten) enthaltener Eiweißstoff, der Eisen für den
Sauerstofftransport im
Organismus enthält.

➤ **Homöopathie**
Von dem deutschen Arzt
Dr. Samuel Hahnemann im
19. Jahrhundert begründetes
Heilverfahren mit dem
Grundsatz: »Gleiches soll
durch Gleiches geheilt werden.« Dem Kranken werden
in hoher Verdünnung Substanzen verabreicht, die in
höherer Dosierung bei Gesunden ähnliche Symptome
hervorrufen wie die zu
behandelnde Krankheit.

➤ **Hyperaktivität**
Von »hyper« = über (hinaus); Überaktivität.

➤ **Ikterus**
Gelbsucht, hell bis dunkel-

gelbe Haut-, Schleimhaut-
und Augenbindehautverfär-
bung durch Übertritt von
Gallefarbstoffen ins Blut.

► **Impfung**
Schutzimpfung von Katzen
gegen Infektionskrankheiten
wie z. B. Tollwut, Katzenseu-
che, Katzenschnupfen, mit
dem Ziel, dass die Tiere eine
Immunität gegen die Krankheit entwickeln.

► **Infekt**
Sammelbezeichnung für
meist fieberhafte Allgemein-
erkrankungen mit Beteili-
gung der oberen Atemwege.

► **Infektion**
Übertragung und Eindrin-
gen von Krankheitserregern
(Viren, Bakterien, Pilze) in
den Organismus, wo sie sich
dann vermehren können
und zu Krankheiten führen.

► **Inkontinenz**
Unvermögen, Harn oder
Stuhlgang willkürlich zu-
rückzuhalten; unfreiwilliger
Abgang von Harn und/oder
Stuhl.

► **Innersekretorische
Drüsen**
Drüsen, die ihre Drüsenpro-
dukte (Sekrete) ins Blut-
gefäßsystem abgeben und
nicht nach außen wie z. B.
Talg- oder Schweißdrüsen;
die meisten Hormondrüsen
wie z. B. die Bauchspei-

cheldrüse sind innersekretorische Drüsen.

► **Insulin**
Hormon der Inselzellen der
Bauchspeicheldrüse, das
eine wichtige Rolle im Zuckerstoffwechsel spielt; senkt
den Blutzucker und baut →
Glykogen auf. Bei Insulin-
mangel kommt es zur Zu-
ckerkrankheit (→ Diabetes).

► **Interzellularflüssigkeit**
Flüssigkeit, die in der →
Interzellularsubstanz eine
wichtige Rolle für den Stoff-
austausch zwischen Zellen
und Blut spielt.

► **Interzellularsubstanz**
Baubestandteil des Binde-
und Stützgewebes.

► **Ionen**
Positiv geladene (Kationen)
und negativ geladene (Anio-
nen) Atome oder Moleküle,
die sich in einem elektrischen Feld zur jeweils ent-
gegengesetzt geladenen
Elektrode bewegen.

► **Irreversibel**
Nicht umkehrbar, nicht
rückgängig zu machen.

► **Kardiomyopathie**
Degenerative Herzmuskeler-
krankung.

► **Katarrh**
Alte Bezeichnung für eine
mit Flüssigkeitsabsonderun-

gen einhergehende Entzündung von Schleimhäuten, z. B. Nasenkatarrh, Bronchialkatarrh; heute: Rhinitis (= Nasenschleimhautentzündung), Bronchitis (= Entzündung der Bronchien).

➤ Keratin
Hornstoff; aus Aminosäuren aufgebautes schwefelreiches Eiweiß, das in Haaren, Nägeln und den obersten Hautschichten vorkommt.

➤ Keratolytikum, keratolytisch
Hornstoff auflösendes Präparat; Hornstoff auflösend.

➤ Kleinhirnhypoplasie
Angeborene Missbildung des Kleinhirns; geht mit Bewegungsstörungen einher.

➤ Knochenkallus
Nach einem Knochenbruch an der Bruchstelle neu gebildeter Knochen, der in der Regel zunächst dicker ist als der ursprüngliche Knochen.

➤ Kohlendioxid
Farbloses, schweres, nicht brennbares Gas; Anhydrid (= durch Wasserabspaltung von Säuren bzw. Basen entstandene chemische Verbindungen) der Kohlensäure; wird manchmal auch fälschlicherweise als Kohlensäure bezeichnet; entsteht als Endprodukt des Stoffwechsels und wird ausgeatmet.

➤ Kohlenhydrate
Aus Kohlenstoff, Wasserstoff und Sauerstoff aufgebaute organische Verbindungen; wichtiger Grundnahrungsstoff; wird im menschlichen und tierischen Organismus als → Glykogen gespeichert, im pflanzlichen als Stärke.

➤ Kolik
Krampfartige Leibschmerzen durch Zusammenziehen der glatten Muskulatur von Bauchorganen und Reizung der dort verlaufenden sensiblen Nervenfasern.

➤ Kollagen
Gerüsteiweiß; Hauptbestandteil der kollagenen Fasern (= Stützsubstanzen) im Bindegewebe; zusammengesetzt aus einzelnen unverzweigten Fibrillen (fadenförmigen Ausläufern von Bindegewebszellen) und einer Kittsubstanz.

➤ Lähmung
Ausfall der Funktionen eines Körperteils oder Organsystems; Ausfall von Funktionen eines Nervs, die zu Be-

wegungsunfähigkeit führen; kann durch degenerative Erkrankungen oder Verletzungen von Nerven entstehen.

➤ **Leukose**
(Auch FeLV-Infektion); häufig vorkommende Viruserkrankung der Katze, die durch Bluttest festgestellt wird; die Leukose beeinträchtigt das Immunsystem und kann sehr unterschiedliche Symptome auslösen.

➤ **Lezithin**
Aus Glycerin, Fettsäuren, Phosphorsäure und Cholin bestehende lipoide (= fettähnliche) Verbindung, die in der Zellmembran vorkommt.

➤ **Lipom**
Gutartige, langsam wachsende Fettgewebsneubildung, meist in der Unterhaut; kann am Körper und an den Beinen vorkommen, an anderen Stellen seltener.

➤ **Mineralstoffe**
Lebenswichtige Verbindungen aus chemischen Ele-

menten, wie Kalzium, Eisen oder Magnesium, die mit der Nahrung aufgenommen werden müssen.

➤ **Mitochondrien**
Etwa bakteriengroße, ovale, lipoidreiche Zellbestandteile in den Zellen von Mensch, Tier und Pflanze; sie enthalten die Enzyme der Atmungskette und sind zuständig für die Energiegewinnung aus den in die Zellen gebrachten Nährstoffen (Kraftwerke der Zellen).

➤ **Mucin**
Von lateinisch »mucus« = Schleim; Schleimstoff, wird von der Haut und den Schleimhäuten zum Schutz gegen mechanische oder chemische Einwirkung gebildet; wesentlicher Bestandteil von Speichel und Magensaft.

➤ **Muskelatrophie**
Muskelschwund; dabei verkleinert sich der Durchmesser der einzelnen Muskelfasern; vorkommend durch Inaktivität oder Fehlbelastungen von Gliedmaßen.

➤ **Myoglobin**
Roter Muskelfarbstoff, ähnlich dem roten Blutfarbstoff (→ Hämoglobin); Myoglobin kann Sauerstoff im Muskel binden und dient deshalb als Sauerstoffspeicher in der Muskulatur.

➤ **Neuralgie**
Bezeichnung für Schmerz-
zustände, die auf das Aus-
breitungsgebiet bestimmter
Nerven beschränkt sind.

➤ **Ödem**
Wassersucht; schmerzlose,
nicht gerötete Schwellungen
durch Ansammlung von
Flüssigkeiten z. B. unter der
Haut; kann auch lokal z. B.
an einem Bein auftreten;
typisch sind teigige Schwellungen, in denen Fingerein-
drücke bestehen bleiben.

➤ **Parasympathische Ner-
venfasern/Parasympathi-
sches Nervensystem**
Teil des → autonomen, d. h.
unwillkürlichen Nervensystems mit Ursprungszentren
im Mittelhirn, verlängertem
Mark und Sakralbereich;
sorgt für Verengung der
Pupillen, Speichelsekretion,
Anregung der Magen-
Darm-Bewegungen und
Drüsentätigkeit, Entleerung
von Darm und Blase.

➤ **Parodontose**
Früher Bezeichnung für
nicht entzündliche Zahn-
betterkrankungen, bei de-
nen das Zahnfleisch zurück-
geht und gesunde Zähne
ausfallen.

➤ **Peristaltik**
Bewegung von Hohlorga-
nen, bei denen sich die glatte Muskulatur zusammen-
zieht und es dadurch zu
ringförmigen Einschnürun-
gen, z. B. in Magen, Darm
und Harnleiter, kommt.

➤ **Phytotherapie**
Pflanzenheilkunde; Behandlung und Vorbeugung von
Krankheiten durch Pflan-
zen, Pflanzenteile und deren
Zubereitungen; Phytophar-
maka (= Arzneimittel aus
Pflanzen) haben häufig eine
große therapeutische Breite
und sind oft nebenwir-
kungsärmer als synthetisch
hergestellte Arzneimittel.

➤ **Polypen**
Gutartige, aus der Schleimhaut hervorgehende Gewe-
bewucherung, z. B. in der
Nasenhöhle.

➤ **Psychosomatik**
Lehre von den Beziehungen
zwischen körperlichen und
psychischen Vorgängen bei
Erkrankungen.

➤ **Psychosomatische
Erkrankungen**
Körperliche Krankheits-
symptome und Veränderun-
gen treten auf als Folge von
psychischen Problemen,
z. B. Rückenschmerzen bei
Überlastung.

➤ **Rachitis**
Erkrankung des wachsenden
Knochens; durch unausge-
wogenes Mineralstoffange-
bot bzw. durch Mineral-

stoff- oder Vitaminmangel (Vitamin-D-Mangel) kommt es zu einer gestörten Mineralisation des Knochens und dadurch zu Skelettveränderungen mit Knochenverbiegungen.

> ### Regulation, körpereigene Selbstregulation

Von lateinisch »regula« = Richtschnur, Norm; Vorgang, dass im Organismus Stoffwechselvorgänge selbstständig ablaufen können und ein Gleichgewicht zwischen Auf- und Abbau gehalten werden kann.

> ### Regulationsmedizin

Dachbegriff für alle Therapieverfahren außerhalb der Schulmedizin wie z. B. Akupunktur, Homöopathie, Biochemie nach Schüßler, Bach-Blüten-Therapie, die auf die körpereigenen Selbstregulationsmöglichkeiten so einwirken, dass diese wieder ins Gleichgewicht kommen.

> ### Regulationstherapie

Sämtliche Therapieformen, die nicht steuernd auf den Organismus einwirken, sondern regulierend.

> ### Rekonvaleszenz

Genesung; letzte Phase einer Erkrankung, in der die Krankheitserscheinungen abklingen bis zur Wiederherstellung der Gesundheit.

> ### Resorption

Von lateinisch »resorbere« = wieder einschlürfen; Aufnahme von Stoffen wie z. B. Nahrungsmittel oder Medikamente über Haut, Schleimhaut, Verdauungstrakt oder aus Geweben in Blut- oder Lymphgefäße.

> ### Rhagade

Sogenannte Schrunde; meist narbenlos abheilender spaltförmiger Einriss der Haut durch Überdehnung bei verminderter Elastizität, z. B. an Mundwinkeln oder Gelenkbeugen.

> ### Rhinitis

Schnupfen; oberflächlicher Katarrh der Nasenschleimhaut mit zunächst → serösem, dann schleimig-eitrigem Sekret; überwiegend durch Viren ausgelöst.

> ### Säure-Basen-Haushalt

Bezeichnung für die Regelungsvorgänge zur Aufrechterhaltung einer für den Stoffwechsel optimalen Wasserstoffionenkonzentration im → Extrazellulärraum; Störungen führen z. B. zu Übersäuerung und können lebensbedrohlich werden.

> ### Sepsis, Septikämie

Sogenannte Blutvergiftung; Allgemeininfektion, bei der meist Bakterien von einem Herd aus in die Blutbahn gelangen und weiterverbreitet werden; geht typischerweise mit hohem Fieber und Schüttelfrost einher.

➤ Serös
Aus Blutserum bestehend.

➤ Sklerose
Krankhafte Verhärtung eines Organs, die durch die Vermehrung des Bindegewebes zustande kommt.

➤ Spondylose
Degenerative Erkrankung der Wirbelkörper und Bandscheiben mit Knochenzubildungen.

➤ Spurenelemente
Lebenswichtige chemische Verbindungen, die nur in Spuren im Organismus vorkommen und die mit Trinkwasser, Nahrung und Luft aufgenommen werden.

➤ Struvit
Drei- bis achteckige, farblose, prismenförmige Kristalle im Urin, die bei Übersättigung des Harns mit steinbildenden Mineralien entstehen; kommen häufig bei Blasenentzündungen vor.

➤ Sympathische Nervenfasern/Sympathisches Nervensystem
Teil des → autonomen, d. h. unwillkürlichen Nervensystems, der aus dem Grenzstrang mit den zugehörigen sympathischen Nerven, Geflechten und peripher liegenden Ganglien (knotenförmige Anhäufungen von Nervenzellen im Gehirn und Rückenmark bei Wirbeltieren) besteht; die Erregung des Sympathikus führt zu kurzfristigem Blutdruckanstieg, Anstieg der Herz- und Atemfrequenz und Herabsetzung der Aktivität von Magen-Darm-Trakt und inneren Drüsen.

➤ Tic
Plötzlich einsetzende, rasche Muskelzuckungen, die nur begrenzt willentlich beeinflusst werden können.

➤ Vegetatives oder autonomes Nervensystem
Teil des Nervensystems, der primär nicht willentlich beeinflusst werden kann; regelt die Vitalfunktionen wie z. B. Atmung, Verdauung, Stoffwechsel, Wasserhaushalt; besteht aus Sympathikus und Parasympathikus.

➤ Verstopfung
(Auch Obstipation); Stuhlverstopfung, verzögerte Kotentleerung.

Register

Kursiv gesetzte Seitenzahlen verweisen auf die ausführliche Beschreibung des jeweiligen Schüßler-Salzes, **halbfett** gesetzte Seitenzahlen auf Abbildungen. U bedeutet Umschlagseite.

Die Schüßler-Salze

Adressen

Verbände/Vereine

**Biochemischer Bund
Deutschland e. V.**
In der Kuhtrift 18
41541 Dormagen
www.biochemie-net.de

Deutsche Homöopathie-Union
DHU-Arzneimittel GmbH &
Co. KG
Ottostraße 24
76227 Karlsruhe
www.dhu.de

**Gesellschaft für Ganzheitliche
Tiermedizin e. V. (GGTM)**
Gartenstraße 7
79189 Bad Krozingen
www.ggtm.de

**Kooperation deutscher Tier-
heilpraktiker-Verbände e. V.**
Geschäftsstelle: Auestraße 99
27432 Bremervörde
www.kooperation-thp.de

**Fédération Internationale
Féline (FIFe)**
17 Rue du Verger
L-2665 Luxembourg
www.fifeweb.org

**1. Deutscher Edelkatzenzüch-
terverband e. V. (1. DEKZV)**
Berliner Str. 13
35614 Asslar
www.dekzv.de

**Deutsche Rassekatzen-Union
e. V. (D.R.U.)**
Geschäftsstelle: Hauptstraße 56
56814 Landkern
www.dru.de

**Österreichischer Verband für
die Zucht und Haltung von
Edelkatzen (ÖVEK)**
Liechtensteinstraße 126
A-1090 Wien
www.oevek.at

**Fédération Féline Helvétique
(FFH)**
Büntacher 22
CH-5626 Hermetschwil
www.ffh.ch

Deutscher Tierschutzbund e. V.
Baumschulallee 15
53115 Bonn
www.tierschutzbund.de

Fragen zur Haltung
beantworten

**Ihr Zoofachhändler und der
Zentralverband Zoologischer
Fachbetriebe Deutschlands
e. V. (ZZF)**
Tel.: 06103/910732
(nur telefonische Auskunft
Mo 12-16 Uhr, Do 8-12 Uhr)
www.zzf.de

Registrierung

**TASSO e. V., Abt. Haustier-
zentralregister**
Frankfurter Straße 20
D-65795 Hattersheim
www.tasso.net

Internationale Zentrale Tierregistrierung (IFTA)
Nördliche Ringstr. 10, 91126 Schwabach, Tel. 00800/43820000 (kostenlos)
www.tierregistrierung.de

Bücher

Daiser, R.: **Naturheilpraxis Katzen.** Gräfe und Unzer Verlag, München

Heepen, **G. H.: Schüßler-Salze – 12 Mineralstoffe für die Gesundheit.** Gräfe und Unzer Verlag, München

Heepen, G. H.: **Der große GU Kompass Schüßler-Salze.** Gräfe und Unzer Verlag, München

Heepen, G. H.: **Schüßler-Kuren – Heilanwendungen mit den 12 Salzen.** Gräfe und Unzer Verlag, München

Heese, R.: **Das Wiehern der Gesundheit – Mit der Biochemie nach Dr. med. Wilhelm Heinrich Schüßler Gesundheit und Lebensfreude bis ins hohe Pferdealter.** HOFF, Design, Druckerei & Verlags GmbH, Bodenwerder

Hofmann, H.: **Mein Heimtier. Meine Katze.** Gräfe und Unzer Verlag, München

Ludwig, G.: **Das große GU Praxishandbuch Katzen.**

Gräfe und Unzer Verlag, München

Ludwig, G.: **300 Fragen zur Katze.** Gräfe und Unzer Verlag, München

Meinert, F.: **Leitfaden zur biochemischen Behandlung unserer kranken Haustiere.** Nachdruck durch: F. Bartelmeyer, Andreas-Hofer-Straße 43, 79111 Freiburg

Quast, C.: **Symptomenverzeichnis zur Schüßler-Salz-Therapie für Tiere.** Natura Med Verlag, Neckarsulm

Schüßler, W. H.: **Elne abgekürzte Therapie.** Nachdruck der 25. Auflage 1898, wzg Verlag, Dormagen

Zeitschriften

Weg zur Gesundheit – Zeitschrift für Biochemie und natürliche Gesundheitspflege Herausgeber: Biochemischer Bund Deutschlands e. V., Dormagen
www.wzgverlag.de

Zeitschrift für Ganzheitliche Tiermedizin Herausgeber: Gesellschaft für Ganzheitliche Tiermedizin e. V. Sonntag Verlag, in MVS Medizinverlage Stuttgart GmbH & Co. KG, Stuttgart
www.medizinverlage.de

Titelbild: Schüßler-Salze. **Rückseite:** Spielendes Kätzchen (oben); Kristall-bild von Silicea (Mitte); Katze auf der Pirsch (unten).

Die Fotografen
AKG Berlin: S. 7; **Bilder Pur:** S. 180 (Zack Burris Inc.); **Cogis:** S. 140 (Varin); **DHU-Deutsche Homöopathie Union:** S. 6, 49, 55, 61, 67, 73, 79, 85, 91, 97, 103, 109, 115, U4 mi.; **Hans Döring:** U1; **Oliver Giel:** S. 160, U4 o./ u.; **Juniors:** 118, 129 o. (Wegler), 183 (Schanz); **Ulrike Schanz:** S. 41, 123 u., 128 o., 128 mi., 129 mi./u., 133 u.,137, 138 o., 161, 174, 179; **Jan Schmiedel:** S. 4, 43, 120, 165; **Monika Wegler:** S. 2, 5, 13, 21, 42, 121, 123 o., 128 u., 131, 133 o., 134, 138 u., 143, 166, 176.

Syndication: www.jalag-syndication.de

Dank
Verlag und Autorin danken der Deutschen Homöopathie-Union (www.dhu.de) für die freundliche Unterstützung, insbesondere bei der Beschaffung der Kristallbilder.

Über die Autorin
Frau Dr. Kübler ist auf Kleintiere spezialisiert. In ihrer Praxis setzt sie zum Beispiel folgende Therapieformen ein: Homöopathie, Schüßler-Salze, Bach-Blüten-Therapie, Laser- und Magnetfeldtherapie, Phytotherapie.
Frau Dr. Kübler ist Vorsitzende der Gesellschaft für Ganzheitliche Tiermedizin e.V. (GGTM), hält Vorträge und Seminare über Naturheilverfahren bei Tieren und schreibt Artikel in Tierzeitschriften.

Redaktion: Anita Zellner
Lektorat: Angelika Lang
Umschlaggestaltung und Layout: Cordula Schaaf
Herstellung: Susanne Mühldorfer
Satz: Cordula Schaaf
Reproduktion: Penta, München
Druck: aprinta, Wemding
Bindung: Druckerei Auer, Donauwörth

Printed in Germany

ISBN 978-3-8338-0943-9

3. Auflage: 2010

GRÄFE
UND
UNZER

Ein Unternehmen der
GANSKE VERLAGSGRUPPE